定期テスト **ズバリよくでる** 理科 2年 大日本

もくじ

取り外してお使いください **赤シート＋直前チェックBOOK,別冊解答**

※全国の定期テストの標準的な出題範囲を示しています。学校の学習進度とあわない場合は,「あなたの学校の出題範囲」欄に出題範囲を書きこんでお使いください。

Step 1 基本チェック 1章 物質の成り立ち①

10分

赤シートを使って答えよう！

❶ 熱による分解

▶ 教 p.10-17

□ ある物質が別の物質になる変化を［化学変化］(化学反応) という。

□ 1種類の物質が2種類以上の物質に分かれる化学変化を［分解］という。
加熱したときに起こる場合をとくに［熱分解］という。

□ 酸化銀の熱分解　酸化銀 →［銀］(固体) ＋［酸素］(気体)

□ 炭酸水素ナトリウムの熱分解
炭酸水素ナトリウム
→［炭酸ナトリウム］(固体) ＋［二酸化炭素］(気体) ＋［水］(液体)

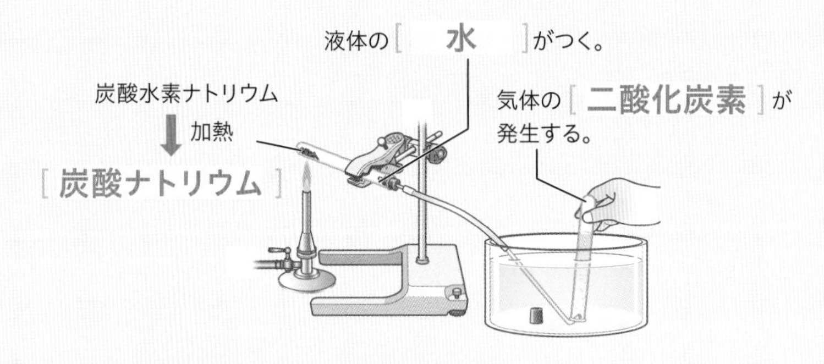

□ 炭酸水素ナトリウムの熱分解

+極につないだ電極を陽極，－極につないだ電極を陰極というよ。

❷ 電気による分解

▶ 教 p.19-22

□ 水を電気分解するときには，小さな電圧で分解が進むように，水に［水酸化ナトリウム］を溶かす。

□ 水の電気分解
［陰］極側で出た気体
→マッチの炎を近づけると音を立てて燃えるから，［水素］である。
［陽］極側で出た気体
→火のついた線香を入れると線香が炎を上げて燃えるから，［酸素］である。

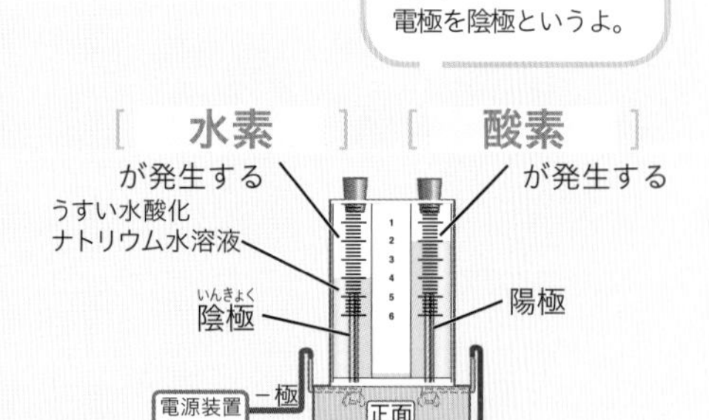

水を電気分解すると，水素と酸素が［2］:［1］の体積比で発生する。

□ 水の電気分解

テストに出る

水の電気分解はよく出る。どの極で何の気体が発生するか，その調べ方と体積比について，整理しておこう！

Step 2 予想問題 1章 物質の成り立ち①

【酸化銀の分解】

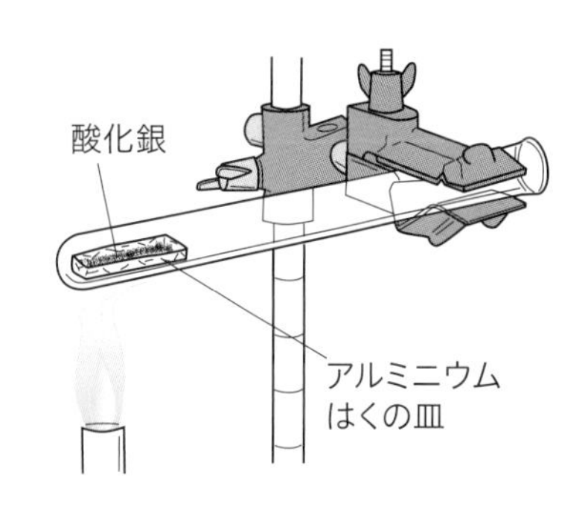

❶ 図のように，酸化銀を加熱して，その変化のようすを調べた。次の問いに答えなさい。

□ ❶ 酸化銀はどんな色の物質か。 (　　　)

□ ❷ 酸化銀を加熱すると，どんな色の物質に変わるか。 (　　　)

□ ❸ 酸化銀の色が変化したら，試験管の中の気体を調べた。次のうち，正しいものを1つ選びなさい。 (　　　)

㋐ その気体を石灰水(せっかいすい)に通すと，石灰水が白くにごった。
㋑ その気体は水によく溶け，水溶液(すいようえき)はアルカリ性だった。
㋒ その気体に火のついた線香を入れると，線香が炎(ほのお)を出して燃えた。
㋓ その気体にマッチの火を近づけると，爆発して燃えた。

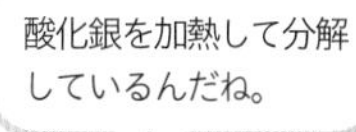

□ ❹ 試験管の中に発生した気体は何か。 (　　　)

□ ❺ 酸化銀全体の色が変わったら加熱をやめ，冷ました後，その物質をとり出してこするとどうなるか。 (　　　)

□ ❻ とり出した物質に電流は流れるか。 (　　　)

【炭酸水素ナトリウムの熱分解】

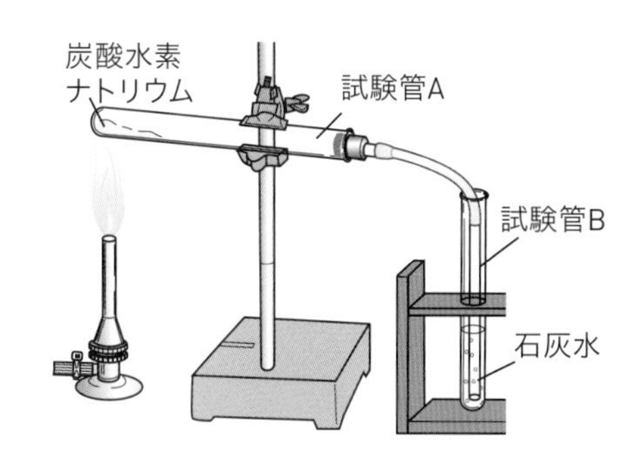

❷ 図のような装置で炭酸水素ナトリウムを加熱した。次の問いに答えなさい。

□ ❶ 発生した気体を石灰水に通したところ，石灰水が白くにごった。発生した気体は何か。 (　　　)

□ ❷ 試験管Aの口付近に無色の液体がついた。

① この液体が水であることを確かめるには何を使えばよいか。 (　　　)

② ①にどのような変化が見られれば，水と確認できるか。 (　　　)

ヒント ❶❸試験管の中の気体には，ものを燃やすはたらきがある。

ヒント ❶❺❻試験管に残った物質は，金属である。

[解答▶p. 1]

□ ❸ 炭酸水素ナトリウムと，加熱後の試験管Ａの中に残った白い固体をそれぞれ水に溶かした。それぞれの溶け方はどうか。㋐～㋓から選びなさい。

㋐ 炭酸水素ナトリウムも白い固体も，よく溶ける。（　　）

㋑ 炭酸水素ナトリウムは溶けにくいが，白い固体はよく溶ける。

㋒ 炭酸水素ナトリウムはよく溶けるが，白い固体は溶けにくい。

㋓ 炭酸水素ナトリウムも白い固体も，溶けにくい。

□ ❹ 炭酸水素ナトリウムと加熱後の試験管Ａの中に残った白い固体をそれぞれ水に溶かし，フェノールフタレイン液を加えた。それぞれの色はどうなるか。㋐，㋑からそれぞれ選びなさい。

炭酸水素ナトリウム：（　　）　白い固体：（　　）

㋐ わずかに変色する　　㋑ はっきりと変色する

□ ❺ ❹の結果から，試験管Ａの中に残った白い固体の水溶液は弱いアルカリ性か，強いアルカリ性か。（　　）

□ ❻ この実験で，試験管Ａの口を少し下げて加熱するのはなぜか。「液体」という言葉を使い簡潔に答えなさい。

（　　）

【電気による水の分解】

❸ 水の分解をするため，図のような装置を電源装置につないで電圧を加えたところ，ａ，ｂの２種類の気体が集まった。次の問いに答えなさい。

□ ❶ 水に加える電圧を大きくすると，気体の発生はどのようになるか。（　　）

□ ❷ この実験では，水酸化ナトリウムを溶かした水を使う。これはなぜか。

（　　）

□ ❸ 気体ａ，気体ｂの性質を，㋐～㋒よりそれぞれ選びなさい。　ａ：（　　）　ｂ：（　　）

㋐ マッチの火を近づけると，気体が爆発して燃える。

㋑ 石灰水の中に通すと，石灰水が白くにごる。

㋒ 火のついた線香を入れると，線香が激しく燃える。

□ ❹ 発生した気体の体積の割合ａ：ｂはいくつか。（　　）

□ ❺ 気体ａ，ｂは，それぞれ何か。　ａ：（　　）　ｂ：（　　）

気体ａ　気体ｂ　ピンチコック　＋極へ　－極へ

ヒント ❷❻発生した液体が冷やされて，加熱している部分に流れこむと，どうなるか。

ヒント ❸❷純粋な水は電流を非常に通しにくい。

［解答▶p. 1］

Step 1 基本チェック　1章 物質の成り立ち②

10分

赤シートを使って答えよう！

❸ 物質をつくっているもの

▶ 教 p.23-33

- □ 物質をつくっている最小の粒子を［原子］といい，その種類を［元素］とよぶ。
- □ 化学変化のとき，原子はそれ以上［分けられ］ない。
- □ 化学変化のとき，原子はなくなったり，新しくできたり，他の元素の原子に［変わったり］しない。
- □ 元素を簡単に表現し，理解しやすくするための記号を［元素記号］という。
- □ 元素を原子の質量の順に並べて，性質の規則性をもとにつくった表を［周期表］という。
- □ 物質の性質を示す粒子を［分子］という。
- □ 元素記号を使い，物質の種類を表したものを［化学式］という。
- □ 1種類の元素からできている物質を［単体］といい，2種類以上の元素からできている物質を［化合物］という。

元素は「分子の分類」を表し，単体は「具体的な物質」を表すよ。

❹ 化学反応式

▶ 教 p.34-36

- □ 化学変化のようすを化学式を用いて表した式を［化学反応式］という。
  →反応の前の物質は［左］側に，反応後の物質は［右］側に化学式で書く。変化の前後で原子の［種類］と［数］は変わらない。

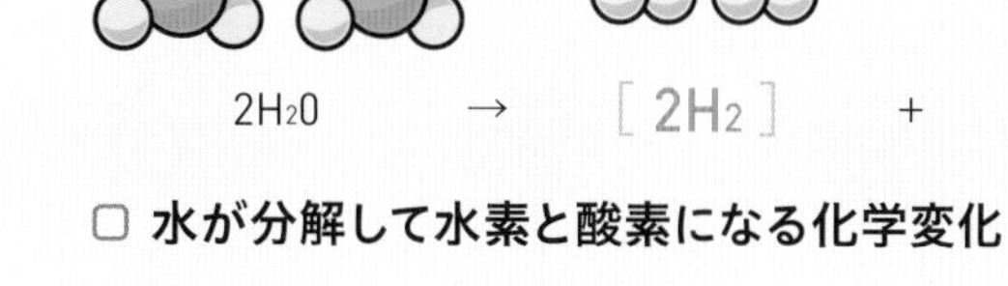

- □ **水が分解して水素と酸素になる化学変化**
- □ 炭が燃えるときの化学変化
  C ＋ ［O_2］ → ［CO_2］
- □ 酸化銀の分解による化学変化
  ［2］Ag_2O → ［4］Ag ＋ ［O_2］
- □ 炭酸水素ナトリウムの分解による化学変化
  $2NaHCO_3$ → Na_2CO_3 ＋ ［CO_2］ ＋ H_2O

化学反応式で化学変化を表すときは，変化の前後で原子の数が合っていることを確認しよう。

Step 2 予想問題 1章 物質の成り立ち②

【分子と原子】

❶ 分子と原子について，次の各問いに答えなさい。

□ ❶ 原子に比べ，物質にはたいへん多くの種類がある。その理由を次の㋐〜㋒より選びなさい。（　　）

㋐ 物質には，固体，液体，気体など，さまざまな状態があるから。
㋑ 原子には，同じ種類のものでも性質のちがう何種類かのものがふくまれているから。
㋒ 結びつく原子の組み合わせによって，さまざまな物質になるから。

□ ❷ 次の文の（　）にあてはまる言葉を入れなさい。
分子は，物質の（①　　　）を示す最小の粒子であり，分子をつくる原子の種類や（②　　　）は決まっている。

□ ❸ 酸素原子を●，水素原子を○と表したとき，次の❶〜❸の図は，それぞれ，どんな物質の分子を表しているか。物質名を答えなさい。

❶ ●●（　　）　❷ ○○（　　）　❸ ●と○○（　　）

【元素記号】

❷ 次の❶〜❽の原子を，元素記号を用いて表しなさい。

□ ❶ 鉄（　　）　□ ❷ 水素（　　）　□ ❸ 酸素（　　）　□ ❹ 塩素（　　）
□ ❺ 炭素（　　）　□ ❻ ナトリウム（　　）　□ ❼ 銅（　　）　□ ❽ 銀（　　）

【化学式】

❸ 次の㋐〜㋕の物質について，次の各問いに答えなさい。

㋐ H_2　㋑ CO_2　㋒ NH_3
㋓ Cu　㋔ $NaHCO_3$　㋕ C

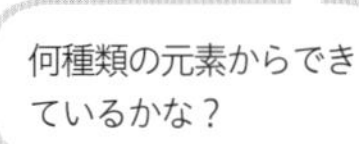

□ ❶ ㋐〜㋕より単体をすべて選びなさい。（　　　）
□ ❷ ㋐〜㋕より化合物をすべて選びなさい。（　　　）

ヒント ❶❶原子の組み合わせがちがうと，物質の性質がちがう。
ヒント ❸その物質をつくる元素が，１種類→単体，２種類以上→化合物である。

［解答▶p. 2］

【化学反応式(かがくはんのうしき)】

❹ 水が分解して水素と酸素になる化学変化を，化学反応式で示したい。これについて，次の各問いに答えなさい。

□ ❶ 下の図は，水が水素と酸素に分解する化学変化をモデルで表したものである。左右の原子の数が等しくなるように，図を完成させなさい。ただし，酸素原子を●，水素原子を○で表すものとする。

□ ❷ 水が分解して水素と酸素になる化学変化を化学反応式で表しなさい。

（　　　　　　　　　　　　　　　　　　　　）

【化学反応式】

❺ ❶～❹の化学変化を示した化学反応式について，正しいものに○をつけなさい。また，正しくないものについては，その理由を下の㋐，㋑より選び，記号で答えなさい。

□ ❶ H_2 + O → H_2O （　　　）

□ ❷ H_2 + O_2 → H_2O （　　　）

□ ❸ $2Ag_2O$ → $2Ag_2$ + O_2 （　　　）

□ ❹ $2NaHCO_3$ → Na_2CO_3 + CO_2 + H_2O （　　　）

㋐ 物質の化学式がちがっている。

㋑ 式の左側と右側で，原子の数がちがっている。

【分子の模型と水の分解】

❻ 水の電気分解では，水が分解して水素と酸素になる。酸素原子を●，

□ 水素原子を○として，分解後の分子のようすを図中に表しなさい。

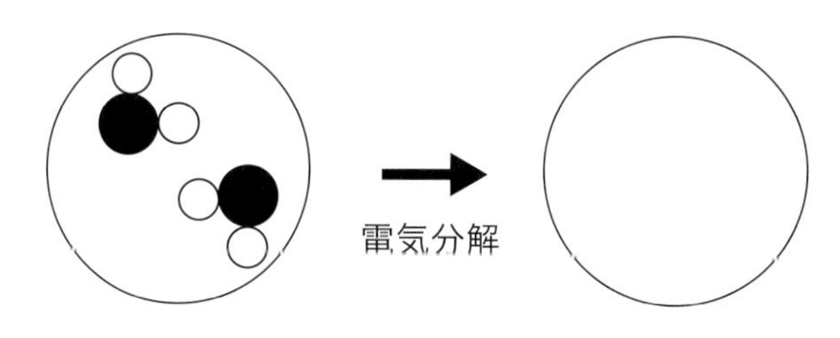

ヒント ❹❷同種類の分子をまとめて書く。

ミスに注意 ❹❷化学反応式の係数は整数にする。分数は使わないように注意する。

［解答▶p. 2］

Step 1 基本チェック

2章 いろいろな化学変化

10分

赤シートを使って答えよう!

❶ 酸素と結びつく化学変化ー酸化

▶ 教 p.38-45

□ 物質が酸素と結びつく化学変化を[酸化(さんか)]といい,これによってできる物質を[酸化物(さんかぶつ)]という。

□ 光や熱を出しながら,酸素と結びつく化学変化が激しく進む現象を[燃焼(ねんしょう)]という。

□ 有機物が燃焼すると,含(ふく)まれていた[炭素]は二酸化炭素に,水素は[水]になる。

□ マグネシウムの酸化

マグネシウム + 酸素 → [酸化マグネシウム]

[$2Mg$] + O_2 → [$2MgO$]

□ 金属が空気中の酸素によって酸化してさびになることを防ぐため,表面に[塗料(とりょう)]を塗(ぬ)り,酸化を防止する。

❷ 酸素を失う化学変化ー還元

▶ 教 p.46-49

□ 酸化物が酸素を失う化学変化を[還元(かんげん)]という。

□ [酸化]と還元は,1つの化学変化の中で同時に起こる。

□ 酸化銅の還元

酸化銅 + 炭素 → 銅 + [二酸化炭素]

[$2CuO$] + C → [$2Cu$] + CO_2

酸化銅と炭の粉末の混合物を加熱すると[赤い]物質ができた。

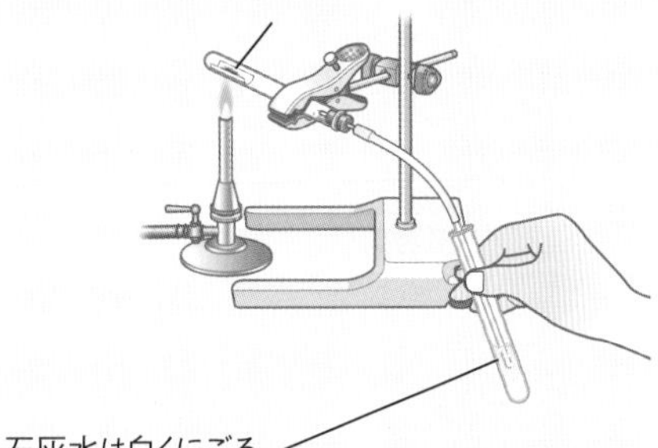

石灰水は白くにごる。

➡ [二酸化炭素]が発生した。

□ **酸化銅と炭の粉末の混合物の加熱**

❸ 硫黄と結びつく化学変化

▶ 教 p.50-53

□ 鉄と硫黄(いおう)が結びつく化学変化

鉄 + 硫黄 → [硫化鉄(りゅうかてつ)] (Fe + [S] → [FeS])

□ 銅と硫黄が結びつく化学変化

銅 + 硫黄 → [硫化銅(りゅうかどう)] (Cu + S → [CuS])

実験のときの注意事項は覚えておこう。酸化銅と炭の粉末の混合物の加熱の実験では,石灰水が逆流しないように,ゴム管の先を石灰水の中から抜きとってから火を消す。

Step 2 予想問題　2章 いろいろな化学変化

【 スチールウールを加熱してできる物質 】

❶ 同じ質量のスチールウールを2つ用意し，A，Bとした。次に，右の図のようにしてBだけを加熱した。次の各問いに答えなさい。

□ ❶ スチールウールは何という物質か。
（　　　　）

□ ❷ スチールウールAと，加熱したものBの質量を比べると，どちらが大きいか。また，そうなる理由も書きなさい。
記号（　　　）　理由（　　　　　　　　　　　　　　）

□ ❸ スチールウールAと加熱したものBに電流が流れるか調べた。それぞれの結果を書きなさい。　A（　　　　　）　B（　　　　　）

□ ❹ 少量をとって塩酸に入れたときに気体が発生したのはA，Bのどちらか。また，発生した気体は何か。記号（　　　）　発生した気体（　　　　　）

□ ❺ AとBは同じ物質か，ちがう物質か。（　　　　　）

□ ❻ 加熱したものBは何という物質になったか。（　　　　）

□ ❼ この化学変化を物質名を使って式で表しなさい。
（　　　　　＋　　　　　→　　　　　）

【 物質と酸素が結びつく化学変化 】

❷ 酸化について，次の各問いに答えなさい。

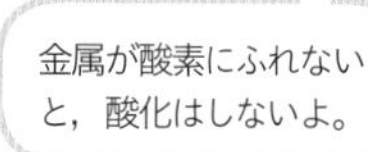

□ ❶ 熱や光を出しながら激しく進む酸化を何というか。
（　　　　）

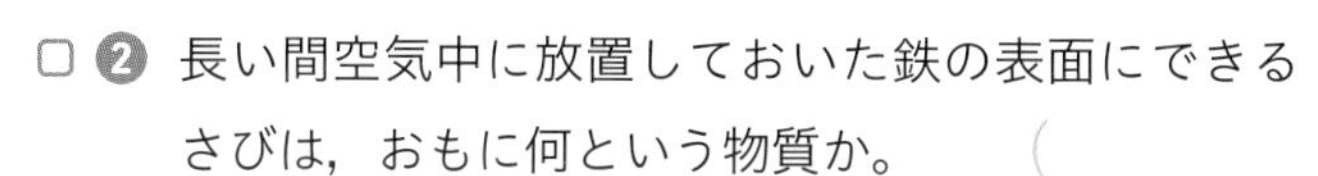

□ ❷ 長い間空気中に放置しておいた鉄の表面にできるさびは，おもに何という物質か。（　　　　）

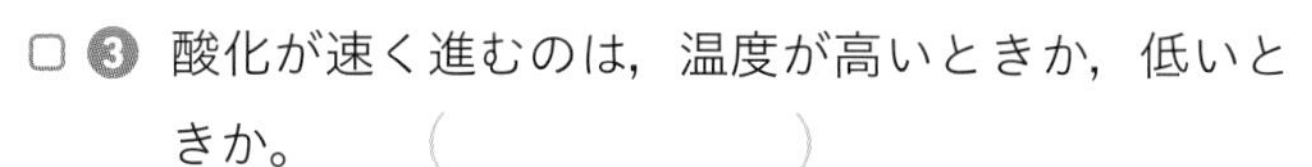

□ ❸ 酸化が速く進むのは，温度が高いときか，低いときか。（　　　　）

□ ❹ アルミニウムの酸化が，ある程度以上進まない理由を簡潔（かんけつ）に答えなさい。
（　　　　　　　　　　　　　　　　　　　　）

ヒント ❶❸❺できた物質は，加熱する前の鉄とはちがう物質である。

ヒント ❷❹アルミニウムは少し酸化されると表面に酸化物の膜（まく）ができる。

［解答 ▶ p. 2］

【 有機物の燃焼 】

❸ アルコールランプの燃料として使われているエタノールは有機物である。次の各問いに答えなさい。

□ ❶ ろうとの内側に石灰水(せっかいすい)をつけて，アルコールランプの炎(ほのお)にかざすと，石灰水はどうなるか。（　　　　）

□ ❷ ❶より，有機物が燃えると，何という気体が発生するか。

（　　　　）

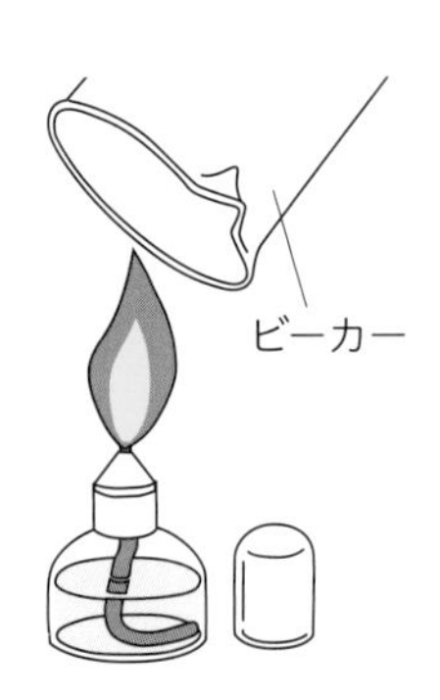

□ ❸ 右の図のように，かわいたビーカーをアルコールランプの炎に５秒間ほどかざした。ビーカーが冷えてから，ビーカーの内側に青色の塩化コバルト紙をつけたら赤色になった。ビーカーの内側についていた物質は何か。（　　　　）

□ ❹ ❸より，エタノールにはどのような原子が含(ふく)まれているか。

（　　　　）

【 酸化銅から銅をとり出す 】

❹ 約２gの酸化銅と約0.2 gの炭素をよく混ぜて，図のように熱した。次の各問いに答えなさい。

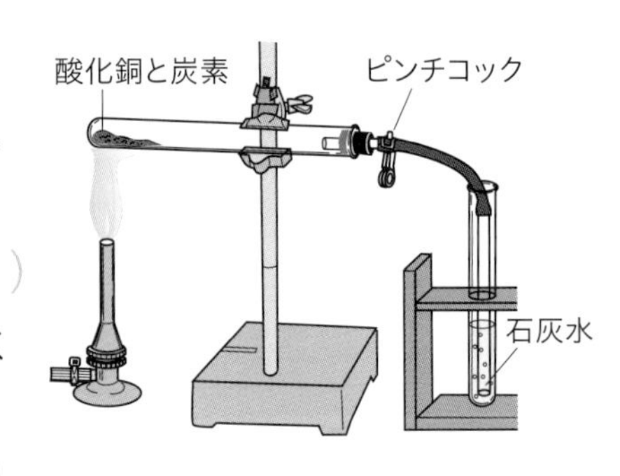

□ ❶ 酸化銅の色は何色か。（　　　　）

□ ❷ 熱するにつれて，試験管内の混合物の色はどうなるか。

（　　　　）

□ ❸ 酸化銅は何という物質になったか。（　　　　）

□ ❹ 発生した気体を石灰水に通したところ，石灰水が白くにごった。発生した気体は何か。

（　　　　）

□ ❺ この変化を化学反応式(かがくはんのうしき)で書きなさい。

（　　　　）

□ ❻ この実験で，酸化銅，炭素に起こった化学変化をそれぞれ何というか。

酸化銅（　　　　）　炭素（　　　　）

□ ❼ 次の㋐～㋒を，この実験をやめるときの正しい手順に並べかえなさい。

（　　　　→　　　　→　　　　）

㋐ ピンチコックでゴム管を閉じる。　㋑ 火を消す。

㋒ ガラス管を試験管からとり出す。

ヒント ❸❸塩化コバルト紙は，水を検出するために使われる。

[解答▶p. 2]

【 酸化と還元 】

❺ 次の各問いに答えなさい。

□ ❶ 還元とはどのような化学変化か。簡潔に答えなさい。

（　　　　　　　　　　　　　　）

□ ❷ 次の化学変化で，①，②の変化はそれぞれ酸化・還元のどちらか。

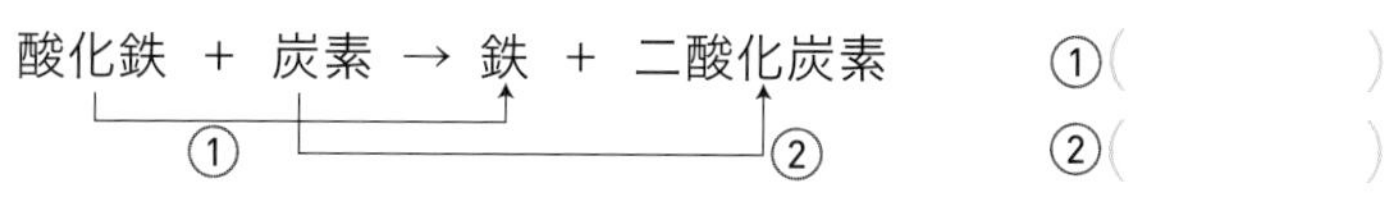

①（　　　　）
②（　　　　）

□ ❸ 酸化銅は，水素を使っても還元できる。水素を使った酸化銅の還元を，化学反応式で表しなさい。（　　　　　　　　）

【 鉄と硫黄が結びつく化学変化 】

❻ 鉄と硫黄の混合物を，２本の試験管A，Bに入れ，試験管Bだけを，図１のようにスタンドにとりつけて加熱しようと思う。次の各問いに答えなさい。

図１

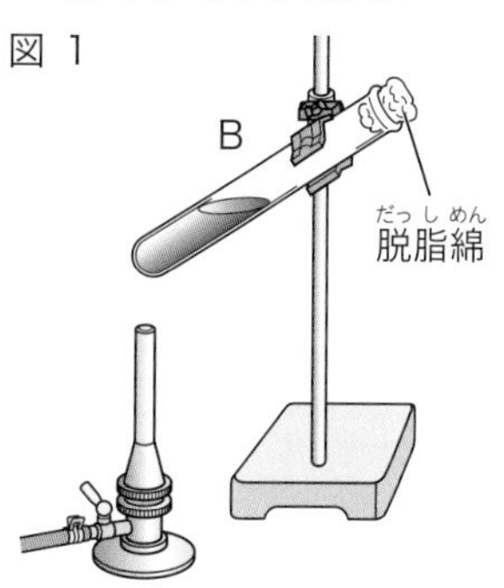

図２

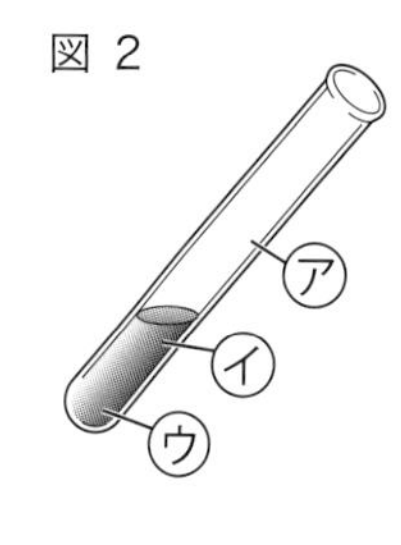

□ ❶ 試験管Bを加熱するとき，試験管のどの部分を熱するか。図２のア～ウより１つ選びなさい。（　　　　）

□ ❷ 試験管Bを加熱し，反応が始まると，加熱をやめても反応は進む。これはなぜか。簡潔に書きなさい。

（　　　　　　　　　　　　　　）

□ ❸ 反応後，試験管Bが冷えてから，試験管A，Bの中の物質の性質を調べた。

① 磁石を近づけたとき，磁石に引きつけられるのは，試験管A，Bのどちらの中の物質か。記号で答えなさい。（　　　　）

② 試験管の中の物質を少量とって塩酸に入れるとA，Bとも気体が発生した。においのある気体が発生したのはどちらか。記号で答えなさい。（　　　　）

③ ②のにおいのある気体とは何か。（　　　　）

□ ❹ 試験管Bにできた物質は何か。（　　　　）

□ ❺ 試験管Bで起こった化学変化を，物質名を使って式で表しなさい。

（　　　　　　＋　　　　　　→　　　　　　）

ヒント ❺❸酸化銅は銅に，水素は水になる。

ヒント ❻鉄と硫黄の混合物を加熱すると，鉄と硫黄が結びつく。

Step 1 基本チェック　3章 化学変化と熱の出入り

10分

赤シートを使って答えよう！

❶ 熱を発生する化学変化

▶ 教 p.54-56

□ 酸化カルシウムに［水］を加えると，［熱］の発生をともなう化学変化が起こる。

□ 鉄粉と活性炭を混ぜたものに［食塩水］を加えると，温度が上昇して湯気が出る。
→鉄粉が空気中の［酸素］と反応して［酸化鉄］になるときに熱が発生したと考えられる。

□ 熱を発生する化学変化を［発熱反応（はつねつはんのう）］という。

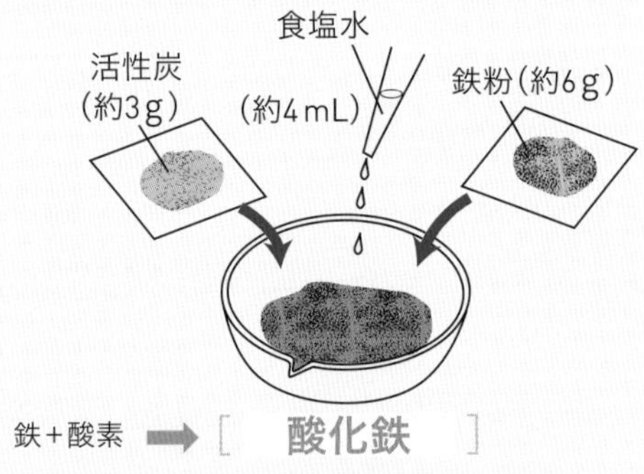

鉄＋酸素 ➡［酸化鉄］

□ 熱を発生する化学変化

❷ 熱を吸収する化学変化

▶ 教 p.57-58

□［炭酸水素ナトリウム］を混ぜた水にレモン汁を加えると，気体が発生して冷たくなる。

□ 塩化アンモニウムと水酸化バリウムに水を加えると，［アンモニア］が発生して温度が［下がる］。

□ 熱を吸収する化学変化を［吸熱反応（きゅうねつはんのう）］という。

□ 一般に化学変化が進むと熱が出入りする。この熱を［反応熱（はんのうねつ）］という。

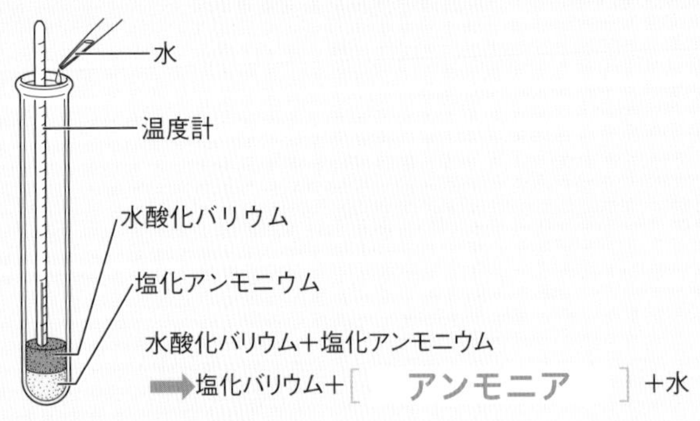

水酸化バリウム＋塩化アンモニウム
➡塩化バリウム＋［アンモニア］＋水

□ アンモニアの発生

この実験では，換気をよくして，保護眼鏡をかけるようにしよう。また，水酸化バリウムが目に入ったり手や服についたりしないように注意しよう。

鉄が酸素と反応して酸化鉄になるときに熱が発生することは，インスタントかいろなどで利用されている性質である。

Step 2 予想問題　3章 化学変化と熱の出入り

20分（1ページ10分）

【化学変化から熱をとり出す】

❶ わたしたちは，都市ガスやプロパンガスや石油を燃やして出る熱を利用して生活している。次の各問いに答えなさい。

□ ❶ 都市ガスやプロパンガスや石油は，どのような物質に分類されるか。次の㋐～㋒より選び，記号で答えなさい。（　　）
㋐ 無機物　㋑ 単体（たんたい）　㋒ 有機物（ゆうきぶつ）

□ ❷ これらの物質が酸素と結びつくとき，熱や光を出しながら激しく反応する。このような変化を何というか。（　　）

□ ❸ 他にも，熱の発生をともなう化学変化（かがくへんか）はいろいろあるが，化学変化によって熱を発生させる反応を何というか。（　　）

【熱の発生】

❷ 下の❶～❺は，発生した熱エネルギーを利用している例である。有機物の酸化（さんか）のときの熱の発生を利用している例にはA，金属の酸化のときの熱の発生を利用している例にはBを，それぞれ記入しなさい。

□ ❶ 動物が体温を保つ（　　）

□ ❷ インスタントかいろ（　　）

□ ❸ 自動車エンジン（　　）

□ ❹ 火力発電（　　）

□ ❺ 石油ストーブ（　　）

【熱の出入り】

❸ 右の図のように，塩化アンモニウム，水酸化バリウムの順に試験管に入れ，少量の水を加えた。次の各問いに答えなさい。

□ ❶ 発生する気体は何か。（　　）

□ ❷ 温度はどうなるか。（　　）

□ ❸ このような熱の出入りをする化学変化を何というか。
（　　）

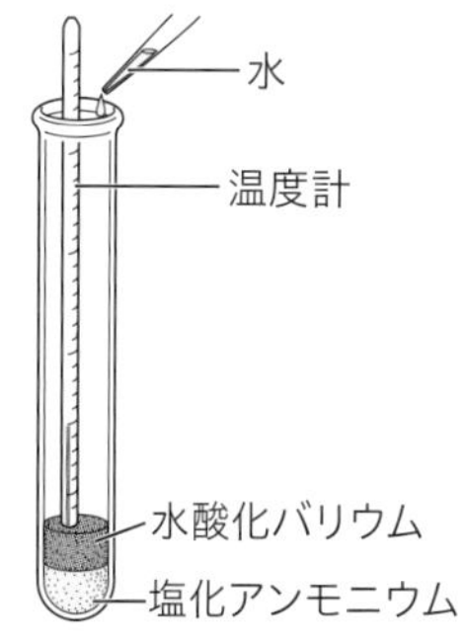

ヒント ❶❶都市ガスやプロパンガスや石油はすべて炭素を含（ふく）む物質である。

ヒント ❷すべて，化学変化による熱の発生である。

【化学変化で熱をとり出す】

❹ 右の図のように，約 6 gの鉄粉と，約 3 gの活性炭と，約 4 mLの食塩水を蒸発皿に入れ，ガラス棒でよく混ぜ，温度の変化を調べた。次の各問いに答えなさい。

□ ❶ 混合物をよく混ぜ，しばらくした後，温度をはかった。混合物の温度は高くなっているか，低くなっているか。（　　　　）

□ ❷ ❶と同様の実験を混合物が空気にふれないようにして行った。混合物の温度はどうなるか。（　　　　）

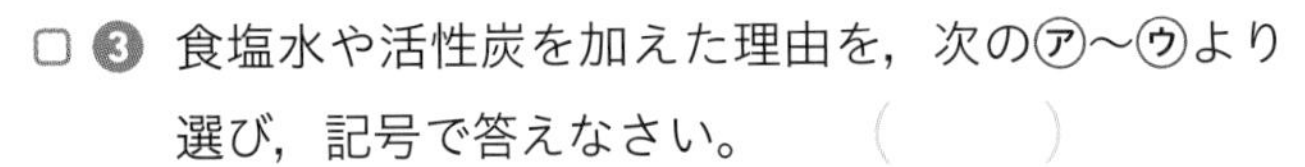

□ ❸ 食塩水や活性炭を加えた理由を，次の㋐～㋒より選び，記号で答えなさい。（　　）

㋐ 空気中のある気体との反応を進みやすくするため。

㋑ 発生する熱の量を減らすため。

㋒ 化学変化を途中(とちゅう)で止めるため。

□ ❹ 混合物のうち，鉄粉は空気中のある気体と反応する。その気体は何か。（　　　　）

□ ❺ 物質が❹の気体と結びつくことを何というか。（　　　　）

□ ❻ 鉄粉は，❹の気体と結びつき，何という物質になったか。（　　　　）

□ ❼ ❻の変化を式に表した。（　　）にあてはまる言葉を書きなさい。

鉄　＋　（①　　　　）　→　（②　　　　）

□ ❽ ❼のときに発生するものを，次の㋐～㋒より選び，記号で答えなさい。（　　　　）

㋐ 熱　　㋑ 光　　㋒ 電気

□ ❾ この現象を利用しているものは何か。次の㋐～㋒より選び，記号で答えなさい。（　　　　）

㋐ ストーブ　　㋑ 乾電池(かんでんち)　　㋒ インスタントかいろ

□ ❿ 次の日にこの混合物の温度を確かめたところ，あたたかくも冷たくもなかった。その理由を簡潔(かんけつ)に書きなさい。

（　　　　　　　　　　　　　　　　）

ミスに注意 ❹❷鉄粉は，空気中の酸素とふれないと酸化は起こらない。

ヒント ❹❼①には気体，②には酸化物が入る。

[解答▶p. 3]

Step 1 基本チェック　4章 化学変化と物質の質量

10分

赤シートを使って答えよう！

❶ 質量保存の法則

▶ 教 p.60-64

- □ ふたをしていないビーカーの中で，塩酸に炭酸水素ナトリウムを加えると，反応が進むにつれて質量が［ 減って ］いく。
  →発生した［ 二酸化炭素 ］が空気中へ逃げていくから。
- □ 密閉した容器の中で，塩酸と炭酸水素ナトリウムを反応させると，反応の前後で全体の質量は［ 変わらない ］。
- □ 化学変化の前後で全体の質量は変化しないことを，［ 質量保存の法則 ］という。
  →状態変化や溶解など，物質に起こる全ての変化について［ 成り立つ ］。

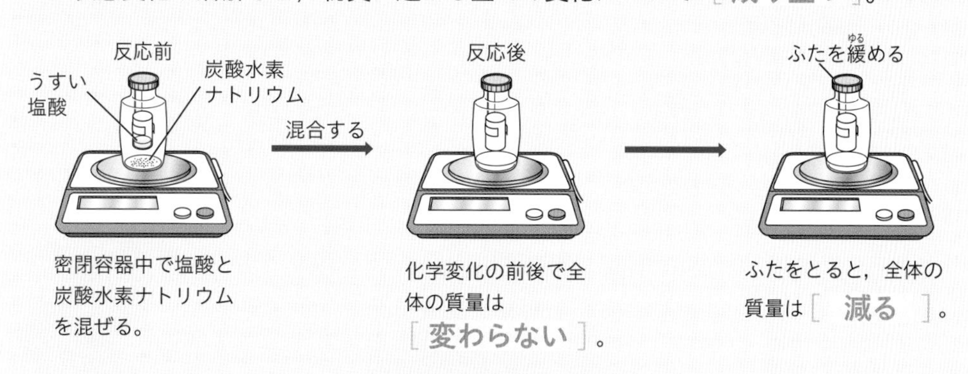

□ 化学変化の前後の質量

❷ 反応する物質の質量の割合

▶ 教 p.65-69

- □ 2つの物質が反応するとき，その［ 質量 ］の比は，物質の組み合わせによって一定になる。
- □ 銅を加熱して酸化銅ができるとき，生成した酸化銅の質量は，銅の質量に［ 比例 ］する。また，反応する酸素の質量は，銅の質量に［ 比例 ］する。
- □ 銅と結びつく酸素の比は決まっていて，反応する銅と酸素の質量比は，約［ 4：1 ］になる。
- □ マグネシウムを加熱して酸化マグネシウムができるとき，反応するマグネシウムと酸素の質量比は，約［ 3：2 ］になる。

銅の質量を横軸(よこじく)，生成した酸化銅の質量を縦軸としてグラフをかくと，原点を通る直線になるよ。

化学変化する分子や原子の個数は決まっていて，どちらか一方の物質の量が多くても，相手の物質が少なければ化学変化は進まない。

Step 2 予想問題　4章 化学変化と物質の質量

【 炭酸水素ナトリウムと塩酸との反応 】

❶ 化学変化の前後での質量の変化を調べるために，次のような実験を行った。下の各問いに答えなさい。

操作①　右の図のように，うすい塩酸を入れた小さい容器と炭酸水素ナトリウムをプラスチック容器に入れ，ふたをして全体の質量をはかったら，a〔g〕だった。

操作②　容器を傾(かたむ)けて気体を発生させ，もう一度，全体の質量をはかったら，b〔g〕だった。

操作③　操作②の後，プラスチック容器のふたを緩(ゆる)め，しばらくして全体の質量をはかったところ，c〔g〕だった。

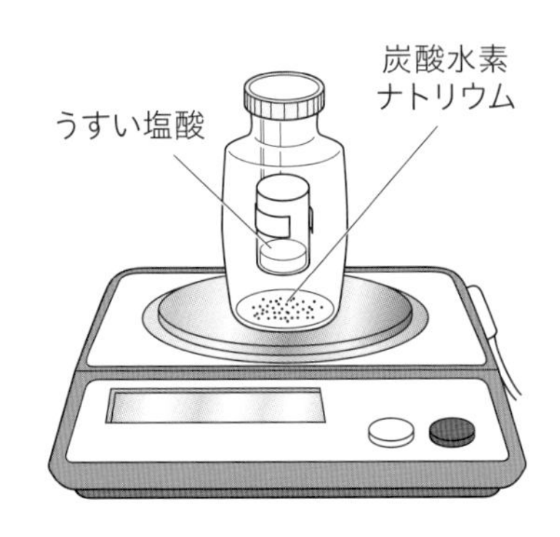

□ ❶ 操作②で発生する気体は何か。　(　　　　　　)

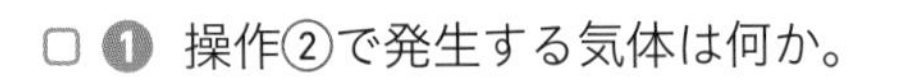

□ ❷ 操作②の後，ふたを指で軽くおすと，どんな感じがするか，次の㋐〜㋒より選び，記号で答えなさい。　(　　　)

㋐ 少しへこんでいる感じ。　㋑ 少しふくらんだ感じ。
㋒ もとの容器と変わらない。

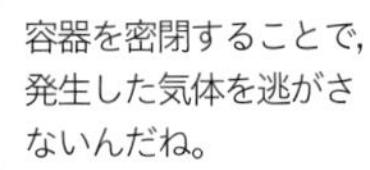

□ ❸ 操作①〜③ではかった全体の質量の関係はどうなっていたか。次の㋐〜㋒より正しいものを選び，記号で答えなさい。

(　　　)

㋐ $a=b=c$　㋑ $a<b=c$　㋒ $a=b>c$

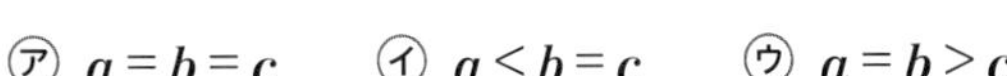

□ ❹ 炭酸水素ナトリウムに塩酸を混ぜると，❶の気体以外に何ができるか。2つ答えなさい。　(　　　　　　と　　　　　　)

【 質量保存の法則 】

□ **❷ 図のように，石灰石(せっかいせき)を入れたビーカーとうすい塩酸を入れたビーカーを合わせて質量をはかると96.5 gであった。次にこの塩酸を石灰石を入れたビーカーにすべて移し，反応が終わってから空のビーカーとともに質量をはかると96.1 gであった。発生した気体の質量は何gか。**　(　　　　)

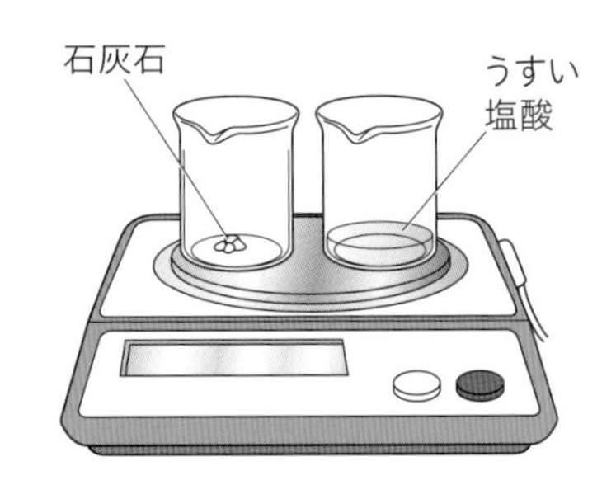

ヒント ❶化学変化の前と後で，全体の質量は変わらない。

ヒント ❷密閉していないので，発生した気体は空気中へ逃げてしまう。

[解答▶p. 4]

【化学変化と質量】

❸ 次の実験について，下の各問いに答えなさい。

操作① 二また試験管のAに塩化アンモニウムと水酸化ナトリウムを，Bに水を入れて，図1のように風船をつけた後，図2のようにして全体の質量をはかった。

操作② AにBの水を少し加えたところ，風船がふくらんだ。

操作③ 風船がそれ以上ふくらまなくなったら，Bの残りの水を全部Aに入れ，容器を振（ふ）ったところ風船がしぼんだ。

操作④ 図2と同じようにして容器全体の質量をはかった。

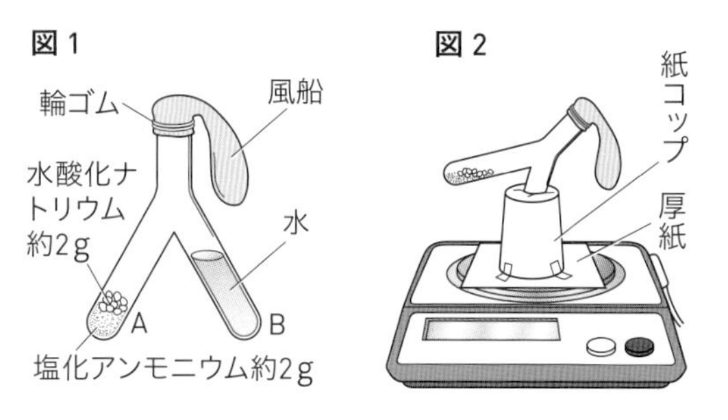

□ ❶ 操作②では，気体が発生した。発生した気体は何か。（　　　　）

□ ❷ 操作③で，風船がしぼんだのはなぜか。簡潔（かんけつ）に書きなさい。

（　　　　　　　　　　）

□ ❸ 操作④ではかった質量は，操作①ではかった質量と比べてどうなっているか。（　　　　）

□ ❹ ❸のようになったことから，どのようなことがいえるか。次の㋐～㋓より1つ選び，記号で答えなさい。（　　）

㋐ 状態変化の前後で全体の質量は変化しない。

㋑ 空気より密度の小さい気体が発生すると，化学変化（かがくへんか）後質量が減る。

㋒ 空気より密度の大きい気体が発生すると，化学変化後質量が増える。

㋓ 化学変化の前後で全体の質量は変化しない。

【化学変化と質量の変化】

❹ 図のように，炭酸ナトリウム水溶液（すいようえき）と塩化カルシウム水溶液を別々のビーカーに入れ，質量をはかった。次に，2つの水溶液を混ぜ合わせた。次の各問いに答えなさい。

□ ❶ 2つの水溶液を混ぜ合わせたとき，気体は発生するか，発生しないか。（　　　　）

ミスに注意 ❸アンモニアが水に溶（と）けるのは，状態変化でも化学変化でもない。

ヒント ❹炭酸ナトリウム水溶液と塩化カルシウム水溶液を混ぜると，沈殿（ちんでん）ができる。

［解答▶p. 4］

□ ❷ 2つの水溶液を混ぜた後，空になったビーカーとともに，ふたたび質量をはかった。混ぜる前と比べて，質量はどのようになったか。

（　　　　　　）

【 銅の加熱と質量の変化 】

❺ 右の図のように，銅粉1.0 gをステンレス皿に入れ，一定時間加熱した後，冷えてから質量をはかった。この操作をくり返したところ，下のグラフのようになった。次の各問いに答えなさい。

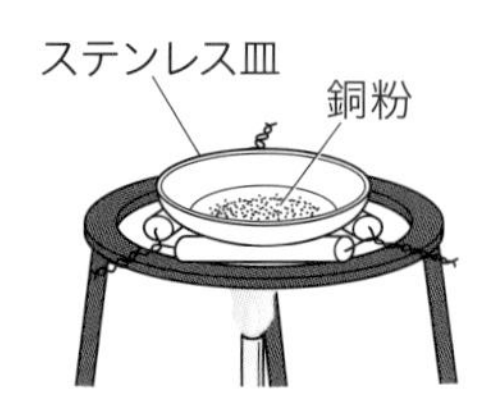

□ ❶ 銅を空気中で加熱したときの化学変化を化学反応式（かがくはんのうしき）で表しなさい。

（　　　　　　）

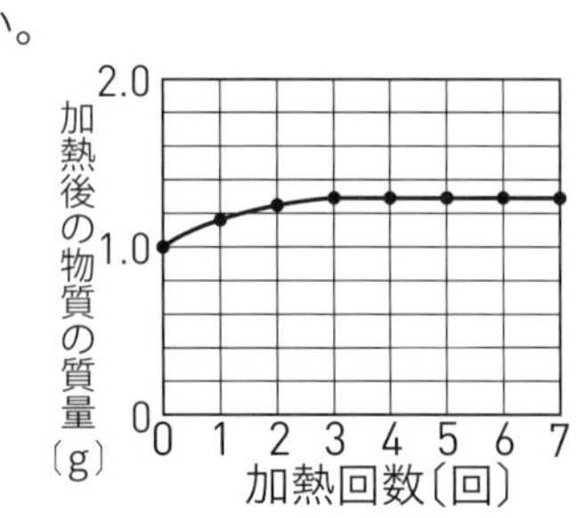

□ ❷ 加熱すると質量が増えるのはなぜか。

（　　　　　　）

□ ❸ 3回目以降質量が増えなくなったのはなぜか。

（　　　　　　）

【 銅を熱したときの質量の変化 】

❻ 右のグラフは，銅の質量と，銅を加熱して生じた酸化銅の質量との関係を表したものである。次の各問いに答えなさい。

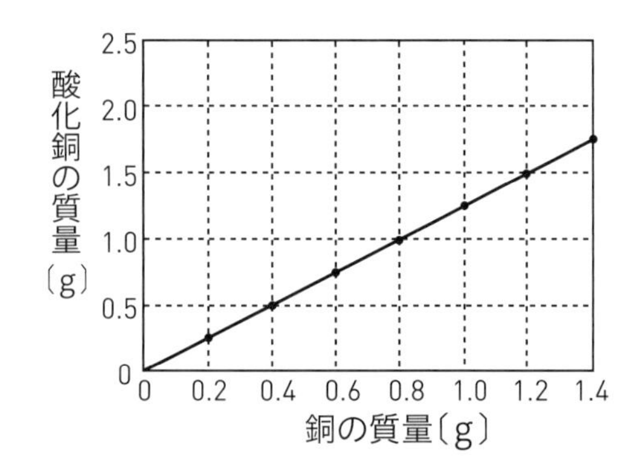

□ ❶ 1.2 gの銅を加熱したときに生じる酸化銅の質量はいくらか。（　　　）

□ ❷ ❶のとき，銅と反応した酸素の質量はいくらか。

（　　　）

□ ❸ 銅と酸素が結びつくとき，銅と酸素の質量の割合を，もっとも簡単な整数の比で答えなさい。

銅：酸素＝（　　　）

□ ❹ 酸化銅3.0 gの中に含（ふく）まれている酸素の質量はいくらか。（　　　）

□ ❺ 銅2.0 gを空気中で加熱して質量をはかったところ2.2 gであった。酸素と反応しないで残った銅の質量はいくらか。（　　　）

ミスに注意 ❺❶銅は空気中の酸素と結びつく。

ヒント ❻ある質量の銅と反応する酸素の質量の比は一定である。

［解答▶p. 4］

【マグネシウムを加熱したときの質量】

❼ 質量のわかっているステンレス皿に，マグネシウムの粉末0.3 gを入れて加熱し，冷却した後ステンレス皿ごと質量をはかった。質量が一定になるまで加熱と質量をはかる操作をくり返した。マグネシウムの粉末の質量を0.6 g，0.9 gにして同様のことをそれぞれ行った。グラフはその結果である。次の各問いに答えなさい。

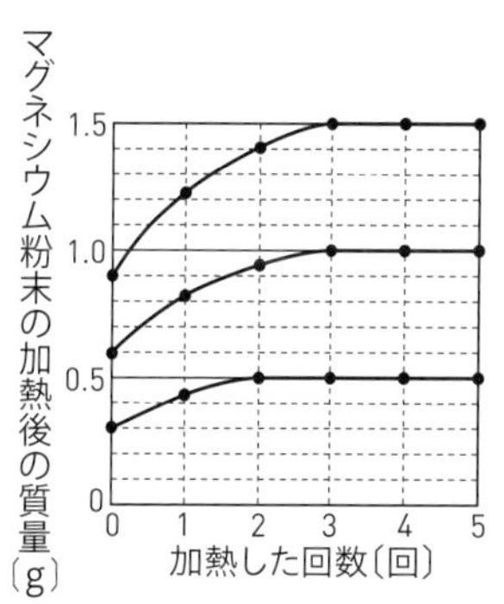

□ ❶ マグネシウムは，マグネシウム原子：酸素原子＝1：1の数の比で酸素と反応する。この化学変化（かがくへんか）を化学反応式（かがくはんのうしき）で表しなさい。（　　　　）

□ ❷ グラフより，マグネシウムと酸素が結びつくとき，マグネシウムと酸素の質量の割合を，もっとも簡単な整数の比で答えなさい。

マグネシウム：酸素＝（　　　　）

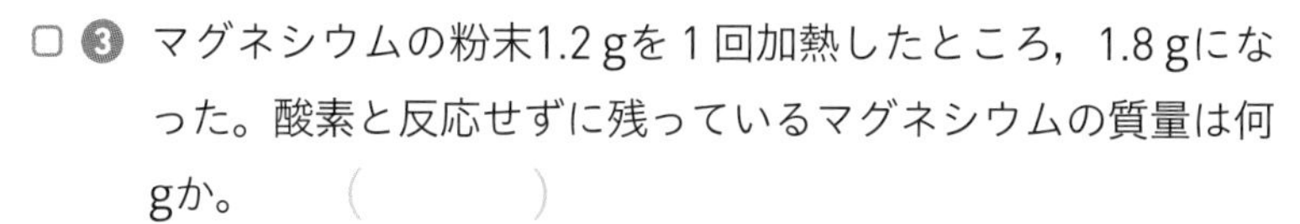

□ ❸ マグネシウムの粉末1.2 gを1回加熱したところ，1.8 gになった。酸素と反応せずに残っているマグネシウムの質量は何gか。（　　　　）

【金属を加熱したときの質量】

❽ マグネシウムと銅の粉末をそれぞれステンレス皿にとって空気中で十分に加熱した。右のグラフは，それぞれの金属の質量と，反応した酸素の質量の関係を表したものである。次の各問いに答えなさい。

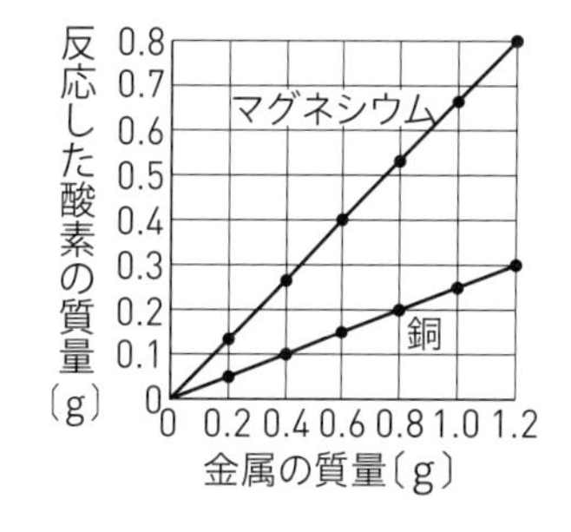

□ ❶ 銅を空気中で加熱したときにできる物質は何色か。（　　　　）

□ ❷ 金属の質量が同じとき，加熱後にできた物質の質量が大きいのは，マグネシウムと銅のどちらか。（　　　　）

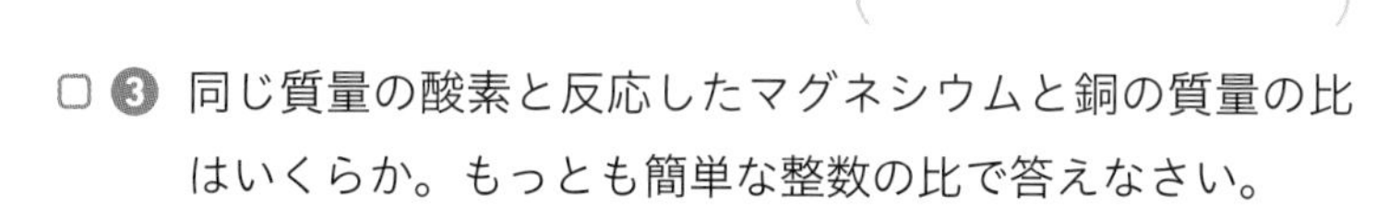

□ ❸ 同じ質量の酸素と反応したマグネシウムと銅の質量の比はいくらか。もっとも簡単な整数の比で答えなさい。

マグネシウム：銅＝（　　　　）

□ ❹ 銅1.6 gとマグネシウムx〔g〕をそれぞれ十分に加熱して完全に反応させたところ，できた物質の質量は合わせて2.5 gであった。このときのマグネシウムの質量x〔g〕を求めなさい。（　　　　）

ヒント　❼❷質量が増えなくなったときが，完全に反応したときである。

ヒント　❽❸0.2 gの酸素と結びつくマグネシウムと銅の質量を調べる。

［解答▶p. 4］

Step 3 予想テスト

単元1　化学変化と原子・分子

30分　/100点　目標 70点

❶ 図のような装置で，酸化銀を加熱した。次の問いに答えなさい。

酸化銀

□ ❶ 発生した気体を次の①～③の方法で確認した。それぞれどのような結果になるか。簡単に書きなさい。

① 試験管に石灰水を入れ，よく振る。

② 火のついた線香を近づける。

③ においをかぐ。

□ ❷ ❶の気体は何か。

□ ❸ 加熱後の物質をとり出し，ハンマーでたたくとどうなるか。

□ ❹ この実験で起こった反応を化学反応式で書きなさい。

□ ❺ この実験で，ガスバーナーの火を消す前に，必ずしなければならないことがある。簡単に答えなさい。技

❷ 図のような装置で，水の電気分解を行った。次の問いに答えなさい。

気体ア　気体イ　物質Ａを溶かした水　陰極　陽極

□ ❶ 水に溶かした物質Ａは何か。

□ ❷ ❶の物質は皮ふをおかすので，目に入ったり，衣服につかないように注意する。もしついてしまった場合は，どのようにしたらよいか。簡単に書きなさい。技

□ ❸ この装置に電流を流したとき，陰極側にたまった気体アは，陽極側にたまった気体イより，体積が多かった。気体ア，気体イはそれぞれ何か。

□ ❹ 水，気体ア，気体イのうち，単体をすべて化学式で書きなさい。

□ ❺ このとき起こった反応を化学反応式で書きなさい。

❸ 次の式は，酸化銅と炭素を混合して加熱したときの変化である。あとの問いに答えなさい。

酸化銅　＋　炭素　→　銅　＋　二酸化炭素

□ ❶ この式で，酸化された物質と還元された物質はそれぞれ何か。

□ ❷ この反応を，化学反応式で書きなさい。

❹ 硫黄0.8 gと鉄粉1.4 gをよく混ぜ右の図のようにして混合物の上部を加熱した。次の問いに答えなさい。

鉄粉と
硫黄の粉の
混合物

□ ❶ この実験で起こった反応を化学反応式で書きなさい。

□ ❷ 加熱後の物質に磁石を近づけると，どのような結果になるか。

□ ❸ 加熱後の物質を少量とって塩酸に入れると気体が発生した。この気体の物質名を答えなさい。

□ ❹ 混合物の上部が赤くなったところで加熱をやめたが，化学変化は進んだ。その理由を簡単に説明しなさい。思

❺ 図のような密閉された容器にうすい塩酸と炭酸水素ナトリウムを入れ，容器を傾けて化学変化を起こした。次の問いに答えなさい。

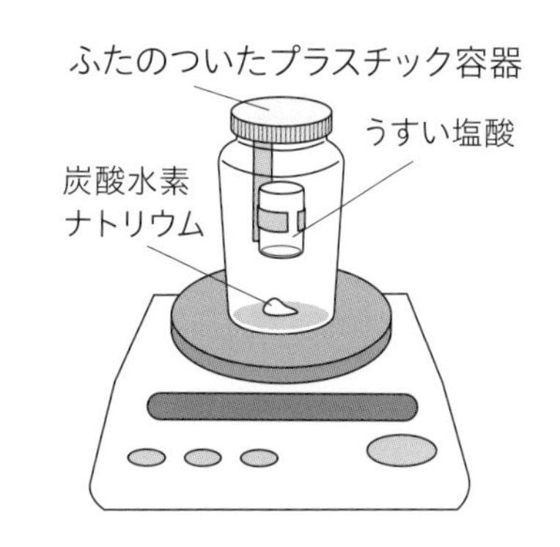

□ ❶ 容器を含めた質量は，化学変化の前後でどのようになるか。

□ ❷ ❶のような法則を何というか。

点UP □ ❸ 容器のふたをとったら，質量が小さくなった。それはなぜか。思

❶ 各4点	❶ ①	②	③
	❷	❸	❹
	❺		
❷ 各4点	❶	❷	
	❸ ア	イ	❹
	❺		
❸ 各4点	❶ 酸化	還元	❷
❹ 各6点	❶	❷	
	❸	❹	
❺ 各4点	❶	❷	
	❸		

❶ ／28点 ❷ ／24点 ❸ ／12点 ❹ ／24点 ❺ ／12点

［解答▶p. 5］

Step 1 基本チェック　1章 生物をつくる細胞

10分

赤シートを使って答えよう！

❶ 生物の体をつくっているもの

▶ 教 p.84-89

- □ 動物も植物も，生物の基本的な単位である［細胞（さいぼう）］とよばれる小さな構造が集まって体がつくられている。
- □ 細胞の一番外側には［細胞膜（さいぼうまく）］といううすい膜がある。
- □ 細胞のつくりの中で，酢酸（さくさん）カーミン液などの染色液（せんしょくえき）によく染まる部分を［核（かく）］といい，それ以外の部分を［細胞質（さいぼうしつ）］という。
- □ 植物の細胞では，細胞膜の外側に［細胞壁（さいぼうへき）］という丈夫（じょうぶ）なつくりが見られる。また，細胞質には，緑色の小さな粒である［葉緑体（ようりょくたい）］や，内部に貯蔵物質や不要な物質を含（ふく）む［液胞（えきほう）］が見られる。
- □ 細胞は，生物の基本的な単位であり，［酸素］と養分を使って［エネルギー］をとり出し，［二酸化炭素］と水を放出している。
- □ １つ１つの細胞が行っている呼吸を［細胞の呼吸（さいぼうのこきゅう）（内呼吸（ないこきゅう））］という。

動物が肺やえら，皮ふで行う呼吸は，外呼吸（がいこきゅう）というよ。

［植物］の細胞　　［動物］の細胞

［葉緑体］
［細胞壁］
［液胞］
［細胞膜］
［核］

□ 細胞のつくり

❷ 細胞と生物の体

▶ 教 p.90-93

- □ 体が１つの細胞だけで構成される生物を［単細胞生物（たんさいぼうせいぶつ）］という。
- □ ヒトのように，多くの細胞が集まって構成される生物を［多細胞生物（たさいぼうせいぶつ）］という。
- □ 多細胞生物に見られる，形やはたらきが同じ細胞の集まりを［組織（そしき）］という。
- □ 多細胞生物は，いくつかの組織が集まって特定のはたらきを受けもつ［器官（きかん）］をもち，互（たが）いにつながりをもってはたらいている。

核を染色するときに使う，酢酸カーミン液や酢酸オルセイン液もテストによく出るので覚えておこう。

Step 2 予想問題　1章 生物をつくる細胞

10分
(1ページ10分)

【生物の細胞】

❶ 次の各問いに答えなさい。

□ ❶ 次のA～Dは，ある生物の細胞を顕微鏡で観察したときのスケッチである。植物の細胞をすべて選びなさい。（　　　　　）

A 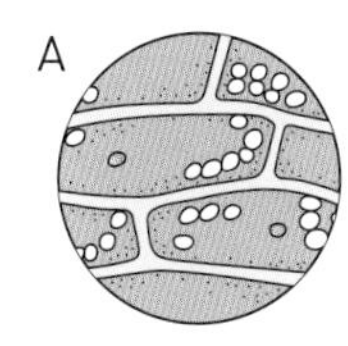
B 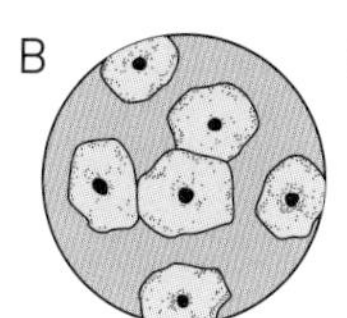
C 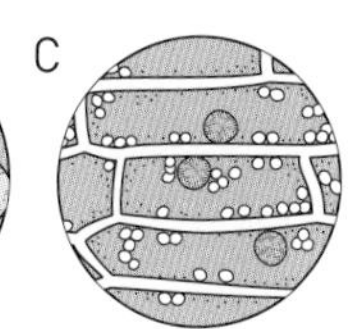
D 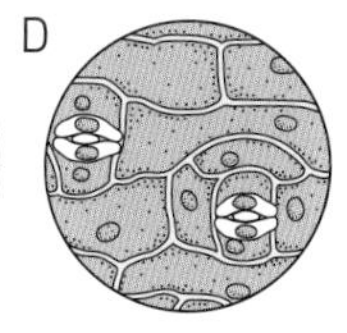

□ ❷ 植物の細胞をおおっている丈夫なつくりを何というか。（　　　　　）

□ ❸ 下の㋐～㋖の生物のうち，1つの細胞で体がつくられている生物をすべて選びなさい。（　　　　　）

㋐ タマネギ　㋑ ミカヅキモ　㋒ ミジンコ　㋓ カエル
㋔ オオカナダモ　㋕ アメーバ　㋖ ゾウリムシ

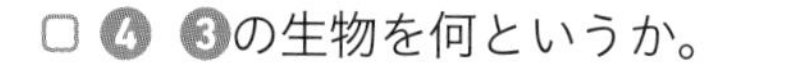

□ ❹ ❸の生物を何というか。（　　　　　）

□ ❺ 多くの細胞で体がつくられている生物を何というか。（　　　　　）

【組織と器官】

❷ 次のa～gは，生物に見られる細胞または細胞の集まりを示したものである。後の各問いに答えなさい。

a 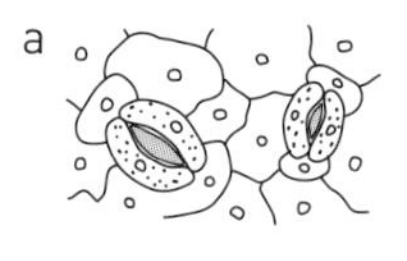
b 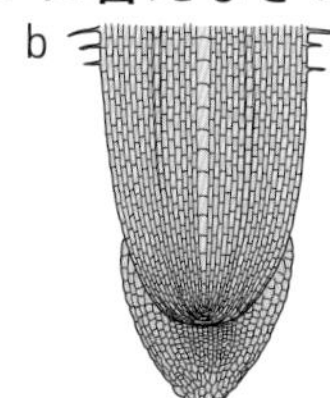
c 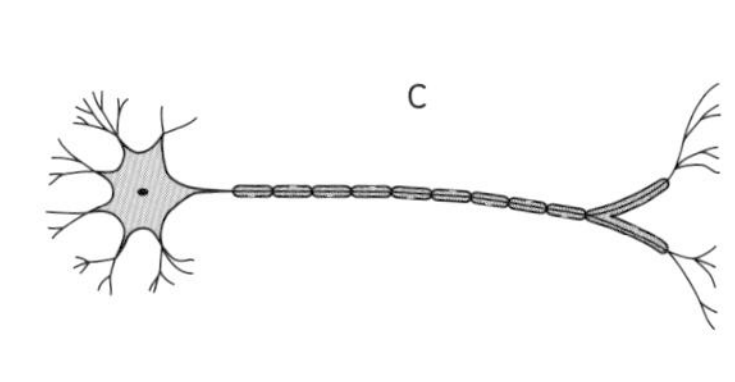
d 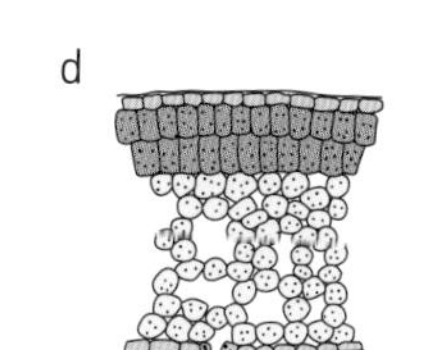
e 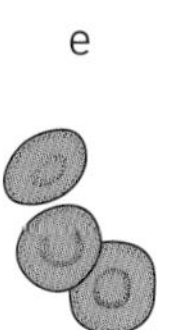
f 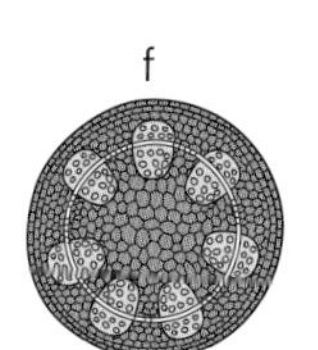
g 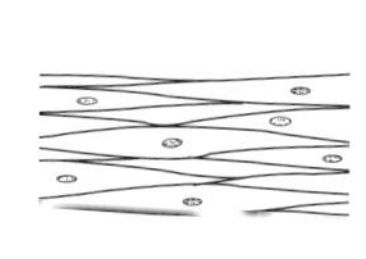

□ ❶ 図a～gのうち，植物において見られるものを4つ選びなさい。（　　　　　）

□ ❷ 筋組織の一部はどれか。（　　　　　）

□ ❸ 植物の器官の断面はどれか。3つ選びなさい。（　　　　　）

ヒント ❷❶ aは葉の表皮の細胞，cは動物の神経，eは赤血球，gは動物の筋肉の細胞である。

ヒント ❷❸ bは根の断面，dは葉の断面，fは茎の断面である。

[解答▶p. 7]

Step 1 基本チェック　2章 植物の体のつくりとはたらき①

10分

赤シートを使って答えよう！

❶ 葉のはたらき

▶ 教 p.94-104

- □ 植物が，光のエネルギーを利用してデンプンなどをつくるはたらきを［光合成］という。
- □ 光合成は，葉の細胞にある［葉緑体］で行われている。
- □ 植物に光が当たって光合成が行われるとき，［二酸化炭素］と水が使われてデンプンなどがつくり出され，［酸素］が発生する。
- □ ヒトや他の動物は，［呼吸］をして酸素をとり入れているが，植物もヒトや他の動物と同じように［呼吸］をして，酸素をとり入れて［二酸化炭素］を出している。
- □ 光が当たる昼には，植物が光合成を行うためにとり入れる［二酸化炭素］の量は，呼吸によって生じる量よりも［多い］。
- □ 光が当たらない夜は，植物は呼吸だけを行うので，［二酸化炭素］が出る。
- □ 植物体での酸素と［二酸化炭素］の見かけ上の出入りは，［呼吸］と光合成の量によって決まる。
- □ 植物の体の中の水が，水蒸気として出ていく現象を［蒸散］という。
- □ 蒸散は主に［葉］で起こる。

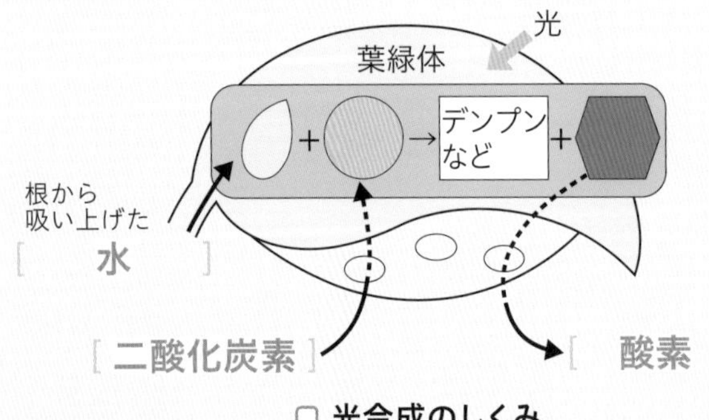

□ 光合成のしくみ

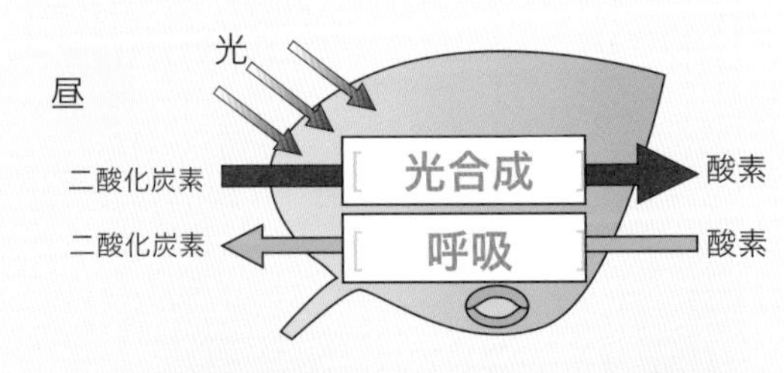

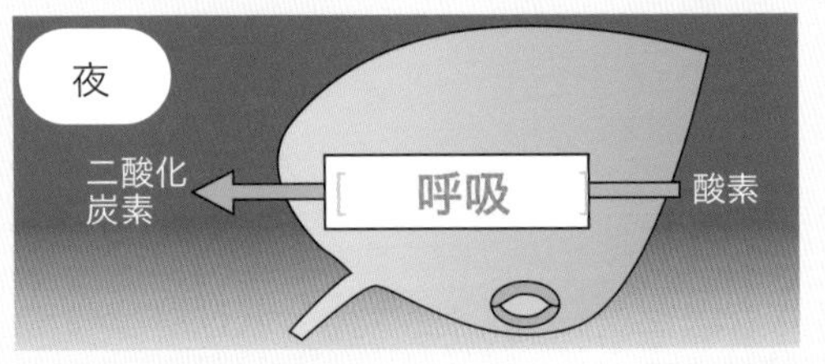

□ 植物の呼吸と光合成

光合成に二酸化炭素がどう関わっているか調べる際に行われる対照実験の問いはよく出る。次のページの問題で確認しよう。

Step 2 予想問題 1章 植物の体のつくりとはたらき①

20分（1ページ10分）

単元2

【葉に日光を当てる実験】

❶ ふ入りのアサガオの葉を夕方アルミニウムはくでおおい，翌日，十分光をあてたあと，80 ℃ぐらいの湯であたためたエタノールの中にひたし，次に水に入れてやわらかくしたのち，ヨウ素液に入れた。次の各問いに答えなさい。

□ ❶ ヨウ素液に入れたとき，色が変わったのは㋐～㋒のどの部分か。（　　）

□ ❷ ❶で色が変わったのは，葉に何ができたからか。（　　）

□ ❸ 植物の葉が光を受けて❷などをつくるはたらきを何というか。（　　）

□ ❹ アサガオの葉をあたためたエタノールにひたすのはなぜか。（　　）

【光合成で使われる物質】

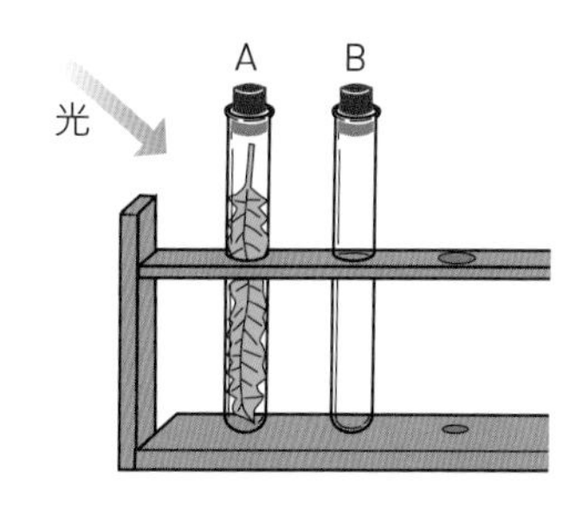

❷ 図のように，A，B 2本の試験管を用意し，Aの試験管にだけタンポポの葉を入れ，それぞれに息をふきこみ，ゴム栓（せん）をした。これをしばらく光にあててから，石灰水（せっかいすい）を入れてその変化を比べた。次の各問いに答えなさい。

□ ❶ 石灰水（せっかいすい）を入れてよく振（ふ）ったとき，石灰水がより白くにごるのはA，Bのどちらか。（　　）

□ ❷ ❶より，植物は光合成のとき，何という物質をとり入れていることがわかるか。（　　）

□ ❸ タンポポの葉を入れず，他の条件をなるべく同じにした試験管Bを用意する実験のことを何というか。（　　）

□ ❹ 次に試験管Cを用意し，タンポポの葉と青色のBTB液を入れた。それに息をふきこんで黄色にしてから，しばらく光にあてた。液の色は何色に変化するか。（　　）色

ヒント ❶❷植物が光のエネルギーを利用してつくるもの。

ヒント ❷❶試験管Aでは，光合成が行われている。

［解答▶p. 7］

【 呼吸と光合成 】

❸ 図1のように，水を入れたペットボトルに，オオカナダモを入れ，光を十分にあてたところ，オオカナダモから気体が発生した。図2は昼と夜で植物の葉に出入りする気体のちがいを模式的に表したものである。次の各問いに答えなさい。

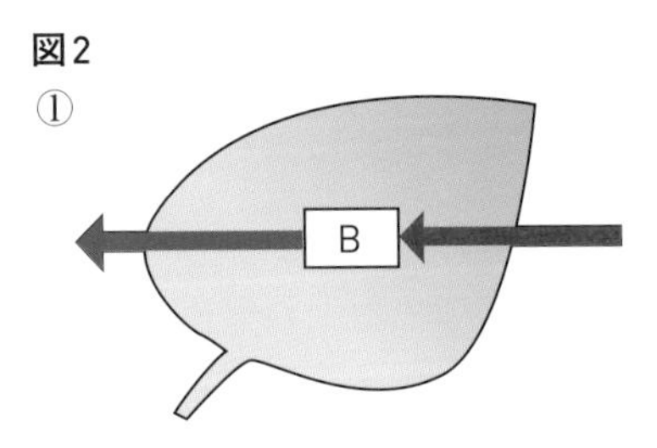

□ ❶ 図1で，発生した気体は何か。 (　　　　)

□ ❷ 図2で，昼の状態を表しているのは，①，②のどちらか。 (　　)

□ ❸ 図2で，青い矢印と赤い矢印のどちらが二酸化炭素の動きを表しているか。 (　　　　)

□ ❹ 図2のA，Bそれぞれは，植物の何というはたらきを表したものか。

A (　　　　　)
B (　　　　　)

図2

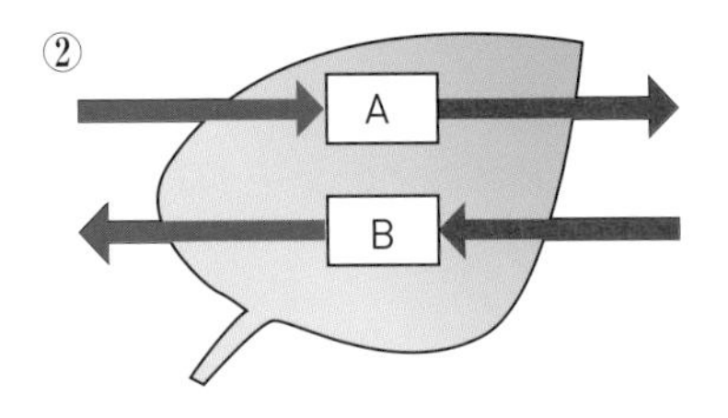

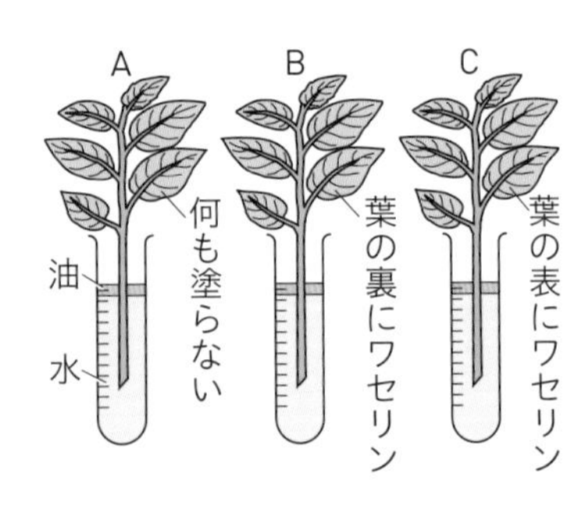

【 葉から出ていく水蒸気 】

❹ 右の図のように，ほぼ同じ大きさの葉が同数ついたアジサイの枝を3本用意し，水の減り方を比べた。次の各問いに答えなさい。

A 何も塗らない　B 葉の裏にワセリン　C 葉の表にワセリン　油　水

□ ❶ 試験管の中に油を入れるのはなぜか。
(　　　　　　　　　　　　　　)

□ ❷ 水の減り方がいちばん多いのはA～Cのどれか。 (　　)

□ ❸ 試験管の水が減ったのは，植物の何というはたらきによるものか。 (　　　　)

□ ❹ ❸は主に，植物のどの部分で起こるといえるか。 (　　　　)

ヒント ❸光が当たっているときには，呼吸も光合成も行われている。
ヒント ❹葉にワセリンを塗ると，塗った面からは水蒸気が出なくなる。

[解答▶p. 7]

Step 1 基本チェック　2章 植物の体のつくりとはたらき②

10分

赤シートを使って答えよう！

❷ 葉のつくり

▶ 教 p.105-107

- □ 葉の表皮に見られる細長い2つの細胞にはさまれた穴を［気孔］という。
- □ 葉の葉脈の中には，［道管］とよばれる水と無機養分を輸送するはたらきをもつ管と，［師管］とよばれる，葉でつくられた養分を運ぶはたらきをもつ管が通っている。
- □ 道管と師管が集まったものを［維管束］という。

□ **葉のつくり**

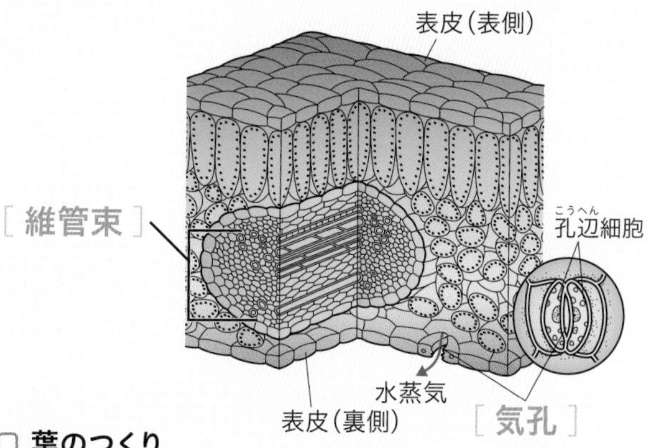

❸ 茎・根のつくりとはたらき

▶ 教 p.108-111

- □ 葉脈を通る維管束は茎の維管束につながっていて，茎の維管束は，葉と根との間で，［水］や養分を通すはたらきをもつ。
- □ 根にも維管束があり，これが土から吸い上げた［水］を茎の維管束へと供給する。
- □ 根は，先端近くにある［根毛］によって土から水と無機養分を吸収する。
- □ 根は，根毛があることで［表面積］が広くなり，水と無機養分を効率よく吸収することができる。

❹ 葉・茎・根のつながり

▶ 教 p.112-113

- □ 植物の体は，相互に［維管束］によってつながっている。
- □ ［水］は，根から吸い上げられて茎を通り，葉から蒸散によって失われる。
- □ ［光合成］により葉でつくられたデンプンなどの養分は，水に溶けやすい物質に変わり，茎や根に運ばれる。
- □ すぐに使われない養分は，［種子］やいもに貯蔵される。

テストに出る　葉のつくりはよく出る。図でそれぞれの位置や名称を覚えておこう。

Step 2 予想問題　2章 植物の体のつくりとはたらき②

20分
(1ページ10分)

【葉のつくり】

❶ 図は，葉の断面の模式図である。次の問いに答えなさい。

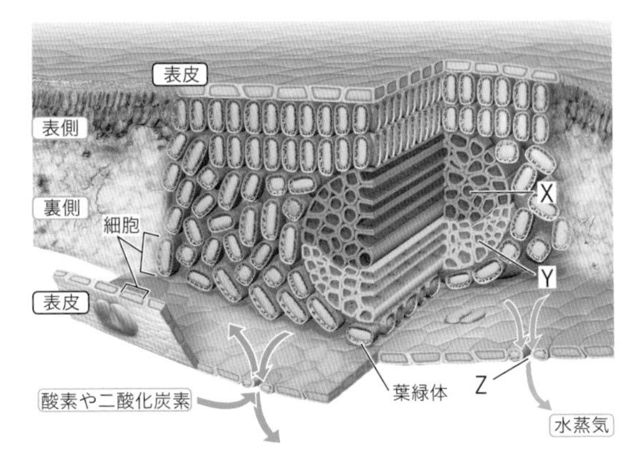

□ ❶ Xは，水と無機養分を輸送するはたらきをもつ管である。この管を何というか。（　　　）

□ ❷ Yは，葉でつくられた養分を輸送するはたらきをもつ管である。この管を何というか。（　　　）

□ ❸ XとYが集まったものを何というか。（　　　）

□ ❹ Zは，葉の表皮に見られ，二酸化炭素や水が出入りする穴である。この穴を何というか。（　　　）

【茎のつくりとはたらき】

❷ 図は，植物の茎(くき)の断面の模式図である。次の問いに答えなさい。

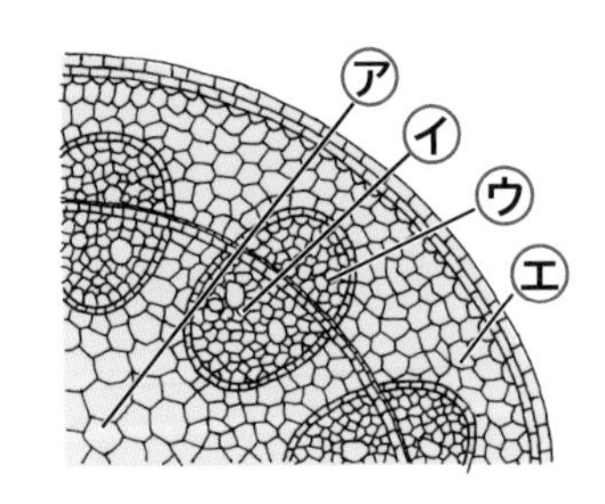

□ ❶ 道管(どうかん)は，図の㋐～㋓のうちどれか。（　　　）

□ ❷ 師管(しかん)は，図の㋐～㋓のうちどれか。（　　　）

□ ❸ 図のような，維管束(いかんそく)が輪のように並んでいる植物は何葉類に分類されるか。（　　　）

【根のつくり】

❸ 図は，植物の根の断面の模式図である。次の問いに答えなさい。

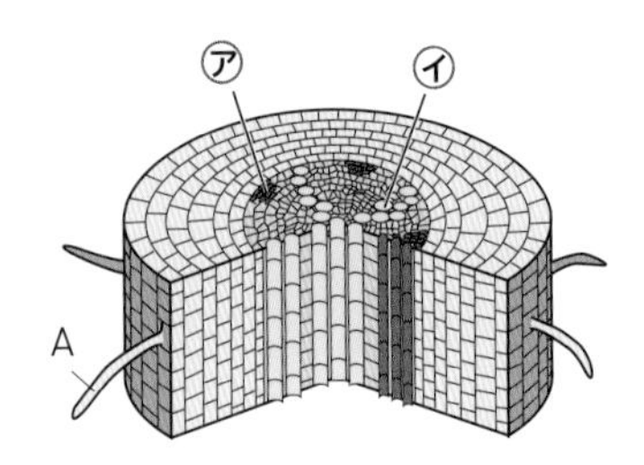

□ ❶ 道管は，図の㋐，㋑のうちどちらか。（　　　）

□ ❷ 根は，Aの部分によって土から，水などを吸収する。Aの部分を何というか。（　　　）

ヒント ❷❸単子葉類(たんしようるい)の維管束はばらばらに分布している。

ヒント ❸❶道管は根の中心部を通っている。

[解答▶p.7-8]

【葉・茎・根のつながり】

❹ 右の図は，植物の根と茎の断面を表したものである。次の問いに答えなさい。

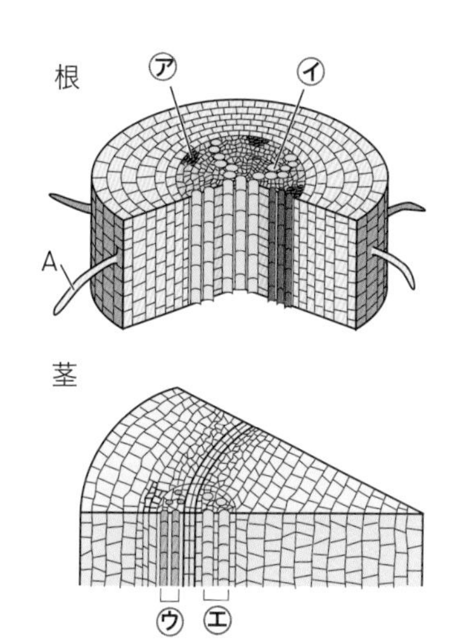

□ ❶ 根から吸収された水などは，根の㋐，㋑のどちらの管を通るか。（　　）

□ ❷ 根の㋐の管を何というか。（　　）

□ ❸ 葉でつくられた養分は，茎の㋒，㋓のどちらの管を通るか。（　　）

□ ❹ 茎の㋓の管を何というか。（　　）

□ ❺ 根は，Aの部分があることで効率よく水や無機養分を吸収することができる。これは，Aにより根の何が広くなるためか。（　　）

【葉・茎・根のつながり】

❺ 図は，植物のつくりとはたらきの模式図である。次の問いに答えなさい。

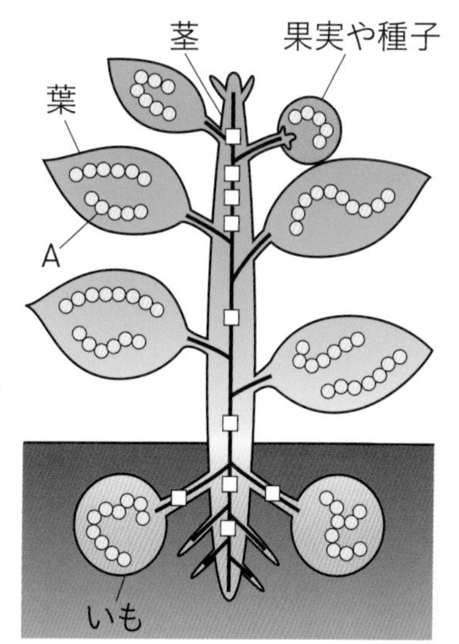

□ ❶ Aは主に葉でつくられた養分である。何という物質か。（　　）

□ ❷ ❶は植物の何というはたらきによってつくられるか。（　　）

□ ❸ 葉でできた❶は，どのような物質に変えられて運ばれるか。（　　）

□ ❹ 植物の葉・茎・根は，相互（そうご）に何という管によってつながっているか。（　　）

□ ❺ 根から吸い上げられた水は，葉から水蒸気として放出される。このような現象を何というか。（　　）

□ ❻ 果実や種子，いもに貯蔵された養分は，どのようなときのエネルギー源として使われるか。（　　）

葉・茎・根はつながっていて，それぞれがはたらきを発揮(はっき)することで植物は生きているんだね。

ミスに注意　❹根と茎では，道管と師管の並び方がちがう。

ヒント　❺❶植物が光のエネルギーを利用してつくる物質。

[解答▶p. 8]

Step 1 基本チェック 3章 動物の体のつくりとはたらき①

赤シートを使って答えよう！

❶ 消化と吸収 ▶教 p.114-122

□ 食物に含まれる養分のうち，[炭水化物]（デンプンなど）と [脂肪] は，主に生きていくために必要なエネルギー源として使われ，[タンパク質] は，主に体をつくる材料として使われる。

□ 養分を吸収されやすい物質に変化させる過程を [消化] という。

□ 養分を体にとり入れるためのはたらきをしている部分を [消化器官] という。

□ 口から始まって，食道，胃，小腸，大腸を通って肛門に終わる，ひとつながりの管を [消化管] という。

□ 食物を消化するための，だ液，すい液，胆汁などの液を [消化液] という。

□ 食物の養分を分解するはたらきをもつ物質を [消化酵素] という。

□ デンプンは，だ液の中の消化酵素（[アミラーゼ]）によって分解され，その後，すい臓から出される [すい液] 中の消化酵素や，[小腸] の壁にある消化酵素のはたらきによって，[ブドウ糖] にまで分解される。

□ タンパク質は，胃液の中の消化酵素（[ペプシン]）で一部が分解され，さらに小腸で，すい液の中の消化酵素（[トリプシン]）や小腸の壁にある消化酵素のはたらきによって，[アミノ酸] に分解される。

□ 脂肪は，[胆汁] のはたらきで水に混ざりやすい状態になり，すい液中の消化酵素（[リパーゼ]）のはたらきで，[脂肪酸] とモノグリセリドに分解される。

□ 消化された養分が消化管の中から体内にとり入れられることを [吸収] という。

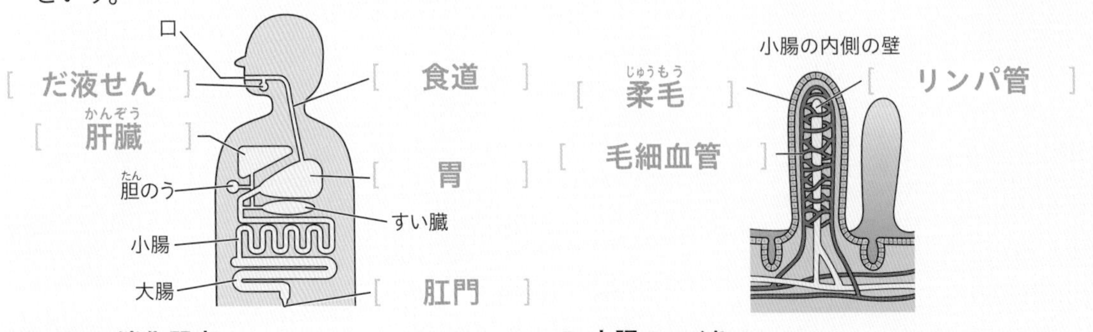

□ ヒトの消化器官　□ 小腸のつくり

だ液のはたらきを調べる実験の問題はよく出る。次のページの問題で確認しよう。

Step 2 予想問題　3章 動物の体のつくりとはたらき①

20分
(1ページ10分)

【 だ液のはたらき 】

❶ 図のように，Aにはデンプン溶液と水，Bにはデンプン溶液とだ液を入れ，ヒトの体温くらいの湯に10分間入れておいた。次の各問いに答えなさい。

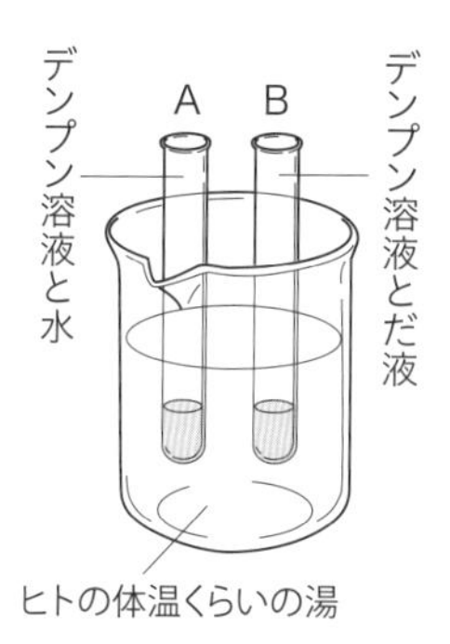

□ ❶ A，Bの溶液をそれぞれ半分ずつとり出し，ヨウ素液を2，3滴加えた。青紫色に変化するのは，A，Bのどちらか。（　　）

□ ❷ A，Bの残りの溶液にそれぞれベネジクト液を少量加えて加熱した。赤褐色の沈殿ができるのは，A，Bのどちらか。（　　）

□ ❸ ❷で，赤褐色の沈殿ができたのは，デンプンがどうなったからか。
（　　）

□ ❹ デンプンを❸のようにするはたらきのあるものを何というか。
（　　）

【 養分の消化 】

❷ 図は，ヒトの消化に関係する器官を模式的に表したものである。次の各問いに答えなさい。

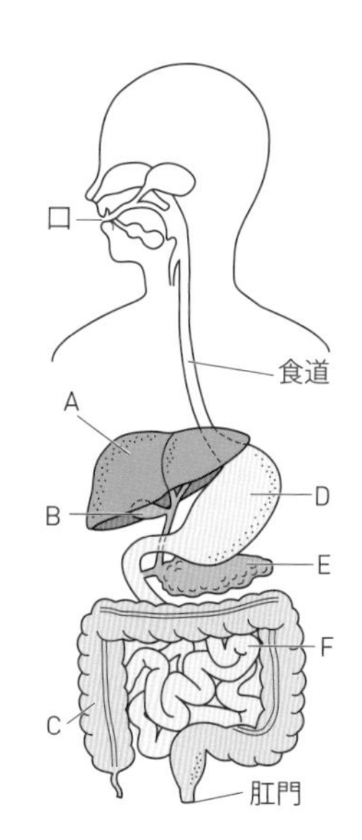

□ ❶ 口→食道→D→F→C→肛門とつながった1本の管を何というか。
（　　）

□ ❷ 図のA，Cの器官名を答えなさい。
A（　　）　C（　　）

□ ❸ タンパク質を分解する消化酵素を出す器官をA～Fからすべて選び，記号で答えなさい。（　　）

□ ❹ 次の①～③の物質は，消化によって最終的にどんな物質に分解されるか。
① デンプン（　　）
② タンパク質（　　）
③ 脂肪（　　）

ヒント ❶❶デンプンがあると，ヨウ素液は青紫色に変化する。

ヒント ❷消化酵素は，それぞれはたらきかける養分が決まっている。

[解答▶p. 8]

【消化された養分（食物）のゆくえ】

❸ 消化された養分の吸収について，次の各問いに答えなさい。

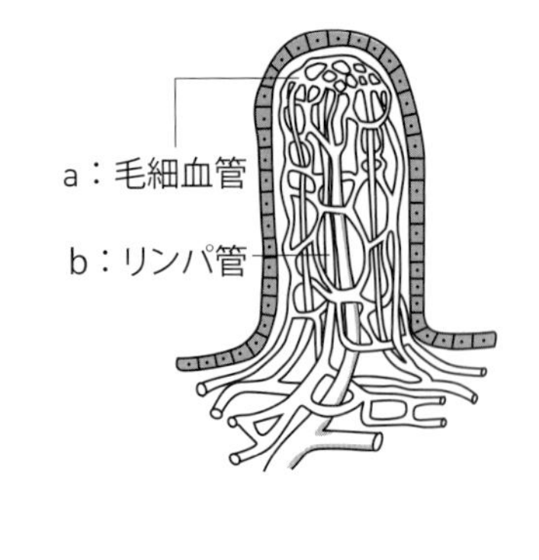

□ ❶ 消化された養分は，おもに何という器官から吸収されるか。
（　　　　）

□ ❷ 右の図は❶の壁にある小さな突起を表したものである。この突起を何というか。（　　　　）

□ ❸ 次の①，②は，❷から吸収された後，図のａ，ｂのどちらを通るか，それぞれ記号で答えなさい。

① ブドウ糖とアミノ酸　（　　）

② 脂肪酸とモノグリセリド　（　　）

□ ❹ 吸収されたブドウ糖とアミノ酸は，消化器官のうち何という器官に一時蓄えられるか。（　　　　）

【吸収された養分の利用と貯蔵】

❹ 図は，肝臓の消化に関するはたらきについてまとめたものである。次の問いに答えなさい。

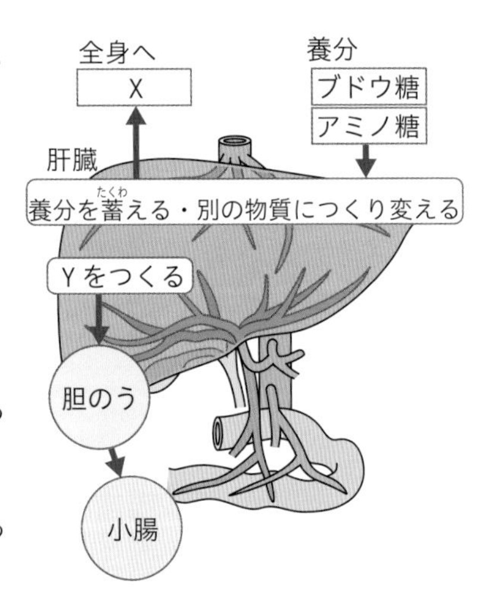

□ ❶ 吸収されたアミノ酸の一部は，肝臓でＸに変えられる。Ｘを何というか。（　　　　）

□ ❷ ❶は，主にどのような材料として使われるか。
（　　　　　　）

□ ❸ 肝臓でつくられ，胆のうに蓄えられ，消化酵素のはたらきを助けるＹを何というか。（　　　　）

□ ❹ ブドウ糖の一部は，肝臓と筋肉で何という物質に変えられて貯蔵されるか。（　　　　）

□ ❺ ❹とともに，運動のときなどのエネルギー源として利用される，脂肪組織に貯蔵されている養分を何というか。（　　　　）

ヒント　❸脂肪酸とモノグリセリドは，吸収された後，再び脂肪になる。

ミスに注意　❹ブドウ糖やアミノ酸は小腸で吸収されたあと，肝臓へ運ばれる。

[解答▶p. 8]

Step 1 基本チェック 3章 動物の体のつくりとはたらき②

赤シートを使って答えよう！

② 呼吸 ▶ 教 p.124-125

- □ 気管支の先端は，［ 肺胞 ］といううすい膜の袋になっている。
- □ 空気中の［ 酸素 ］は肺胞で血液にとりこまれ，血液に溶けこんだ［ 二酸化炭素 ］は肺胞の中に出される。

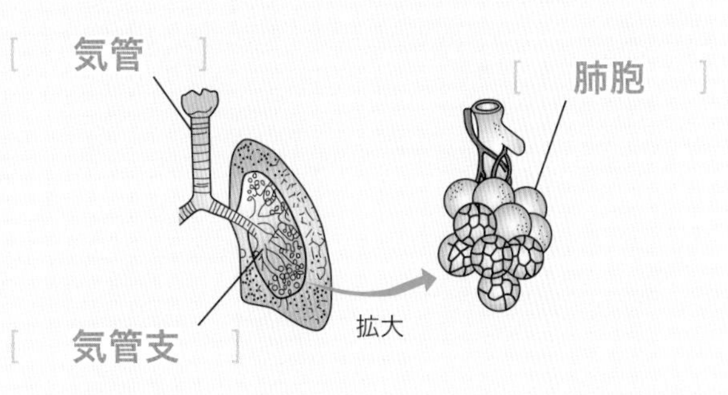

□ ヒトの肺のつくり

③ 血液とその循環 ▶ 教 p.126-132

- □ 心臓から血液を送り出す血管を［ 動脈 ］といい，心臓に血液が戻ってくる血管を［ 静脈 ］という。
- □ 動脈と静脈は，［ 毛細血管 ］という細い血管でつながっている。
- □ 血液中の液体の一部がしみ出して，細胞をひたしている液体を［ 組織液 ］という。
- □ 血液中の固形の成分には，毛細血管の中に見られる粒である［ 赤血球 ］や，体の中に入った細菌などをとらえるはたらきのある［ 白血球 ］，出血したときに血液を固めるはたらきのある［ 血小板 ］がある。

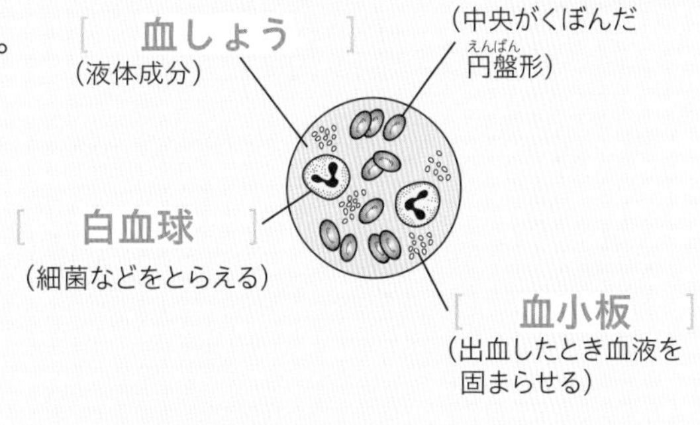

□ ヒトの血液の主な成分

- □ 血液中の液体の成分を［ 血しょう ］という。
- □ 赤血球に含まれている［ ヘモグロビン ］により，血液は赤く見える。
- □ 組織液の一部は［ リンパ管 ］に入り，その組織液を［ リンパ液 ］という。
- □ 血液が心臓から肺動脈，肺，肺静脈を通って心臓に戻る経路を［ 肺循環 ］という。
- □ 血液が心臓から肺以外の全身を回って心臓に戻る経路を［ 体循環 ］という。
- □ 酸素を多く含んだ血液を［ 動脈血 ］といい，二酸化炭素を多く含んだ血液を［ 静脈血 ］という。

血液の循環経路はよく出る。次のページの問題で確認しよう。

Step 2 予想問題 3章 動物の体のつくりとはたらき②

【肺のつくりとはたらき】

❶ 図は，ヒトの肺の模式図である。次の各問いに答えなさい。

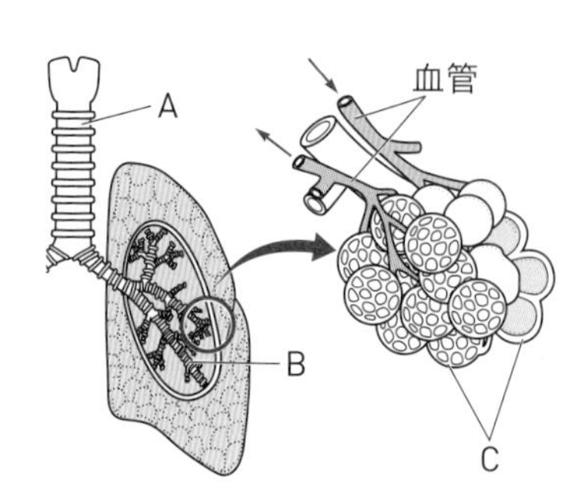

□ ❶ 図のA～Cの名称を答えなさい。

A（　　　） B（　　　） C（　　　）

□ ❷ Cのまわりの血液にとりこまれる空気中の物質は何か。

（　　　）

□ ❸ Cのまわりの血液から空気中に出される物質は何か。

（　　　）

【血液の循環】

❷ 右の図は，ヒトの血液の循環を模式的に表したものである。次の各問いに答えなさい。

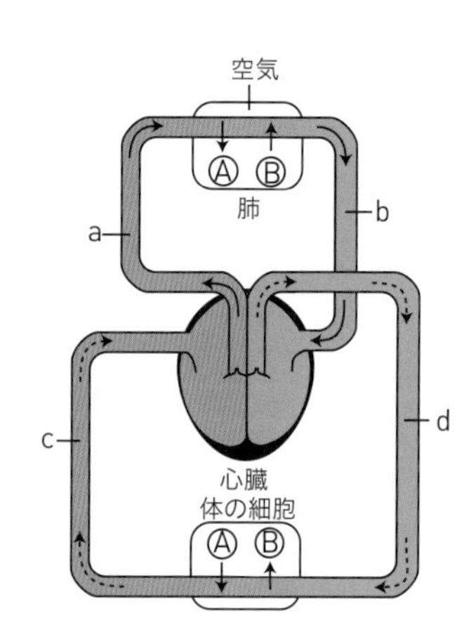

□ ❶ 右の図で，Ⓐ，Ⓑはそれぞれどんな物質を表しているか。

Ⓐ（　　　） Ⓑ（　　　）

□ ❷ 血液のうち，Ⓐを多く含んだ血液を何というか。

（　　　）

□ ❸ 血液のうち，Ⓑを多く含んだ血液を何というか。

（　　　）

□ ❹ 血液が，心臓から肺を通って心臓に戻る経路を何というか。

（　　　）

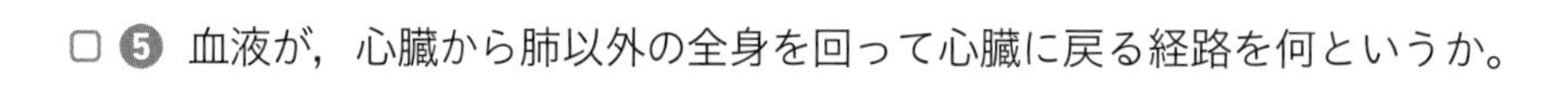

□ ❺ 血液が，心臓から肺以外の全身を回って心臓に戻る経路を何というか。

（　　　）

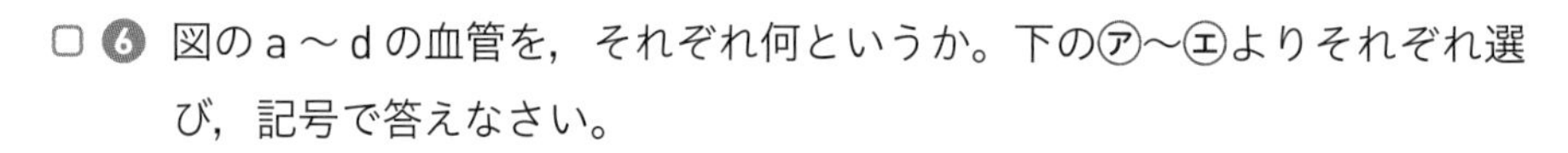

□ ❻ 図のa～dの血管を，それぞれ何というか。下の㋐～㋓よりそれぞれ選び，記号で答えなさい。

a（　　　） b（　　　） c（　　　） d（　　　）

㋐ 大動脈　㋑ 大静脈　㋒ 肺動脈　㋓ 肺静脈

ヒント ❷血液が，心臓から出る血管を動脈，心臓に入る血管を静脈という。

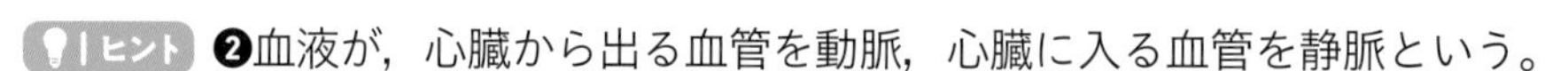

ミスに注意 ❷❻動脈，静脈という名称は，血液に含まれる酸素の濃度とは関係がない。

［解答▶p. 9］

【血液の成分】

❸ 図は，ヒトの血液の成分を模式的に表したものである。次の各問いに答えなさい。

□ ❶ 図のA～Dの血液の成分の名称を答えなさい。

A（　　　　　）　B（　　　　　）

C（　　　　　）　D（　　　　　）

□ ❷ 血液が赤く見えるのは，Aに含まれる何という物質のためか。

（　　　　　　　　　　）

□ ❸ ❷は，酸素の多いところではどのような性質があるか。

（　　　　　　　　　　）

□ ❹ 図のA～Dのうち，液体の成分のものはどれか。記号で答えなさい。

（　　　）

□ ❺ 図のA～Dのうち，下の①，②のはたらきをもつものはどれか。記号で答えなさい。　①（　　　）　②（　　　）

① 体の中に入ってきた細菌などをとらえたり，病気を防いだりするはたらき。

② 出血したときに血液を固めるはたらき。

【排出】

❹ 図は，不要な物質を排出する器官を表したものである。

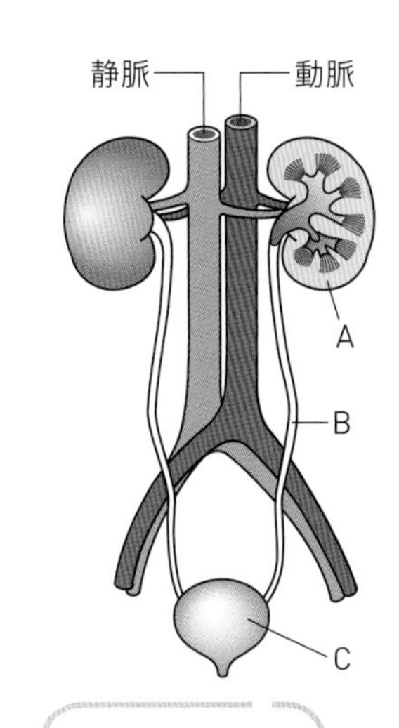

□ ❶ 細胞の活動によって，体に有害なアンモニアができる。アンモニアは，ある器官で無害な物質に変えられる。

① ある器官とは何か。　（　　　　　）

② 無害な物質とは何か。　（　　　　　）

□ ❷ 図のA～Cの部分の名称を，それぞれ書きなさい。

A（　　　　　）　B（　　　　　）　C（　　　　　）

□ ❸ Aのはたらきを，次の㋐～㋒から1つ選びなさい。　（　　　）

㋐ 血液中の養分をこしとる。

㋑ 血液中の不要な物質をこしとる。

㋒ 尿を一時ためておく。

体内にとりこまれたタンパク質が分解されると，アンモニアができるよ。

ヒント ❸❷❸酸素は赤血球中のヘモグロビンと結合して，体中に運ばれる。

ヒント ❹アンモニアは肝臓で尿素に変えられて，Aの臓器でこしとられる。

[解答▶p. 9]

Step 1 基本チェック

3章 動物の体のつくりとはたらき③

10分

赤シートを使って答えよう！

❹ 動物の行動のしくみ

▶ 教 p.134-144

□ ヒトなどの動物では，体の中に多くの骨が結合して組み立てられている［骨格］がある。

□ 骨のまわりには［筋肉］があり，その両端はそれぞれ別の骨についている。

□ 手やあしなどの［運動器官］を動かすときには，筋肉のはたらきにより関節の部分で骨格が曲げられる。

□ 目や耳のような，まわりの状態を刺激として受けとることのできる体の部分を［感覚器官］という。

□ 体の中には，脳や脊髄からできている［中枢神経］と，そこから出て細かく枝分かれした［末梢神経］があり，それらが［神経系］を構成している。

□ 感覚器官からの信号を脳や脊髄に伝える神経を［感覚神経］，脳や脊髄からの信号を筋肉へ伝える神経を［運動神経］という。

□ 刺激に対して意識と関係なく起こる反応を［反射］という。

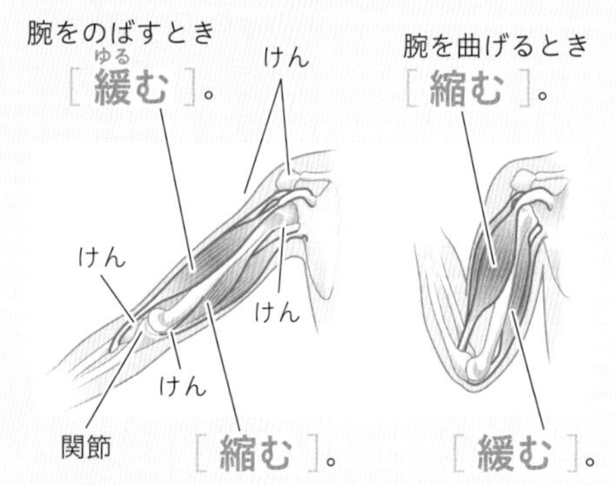

□ 腕の筋肉のはたらき

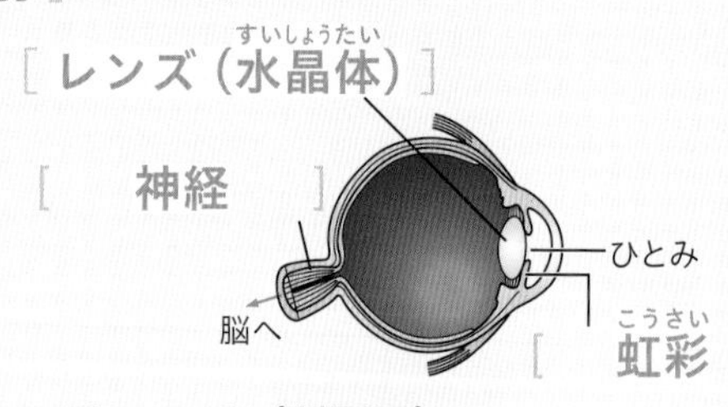

□ 目のつくり（断面図）

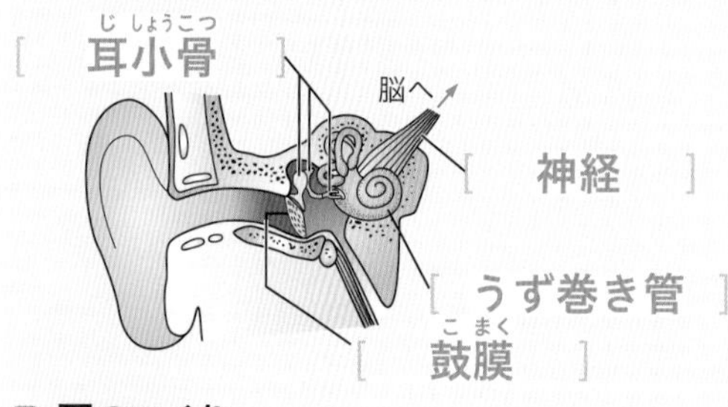

□ 耳のつくり

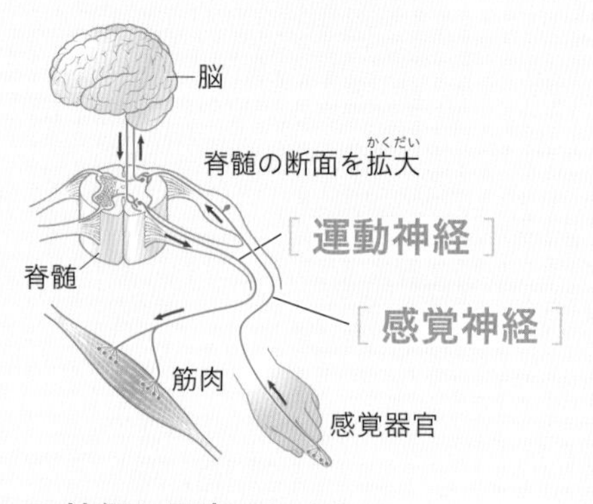

□ 神経と反応のしくみ

テストに出る　神経系はよく出る。それぞれのつくりとはたらきを整理しておこう。

Step 2 予想問題 3章 動物の体のつくりとはたらき③

30分 (1ページ10分)

【筋肉のはたらき】

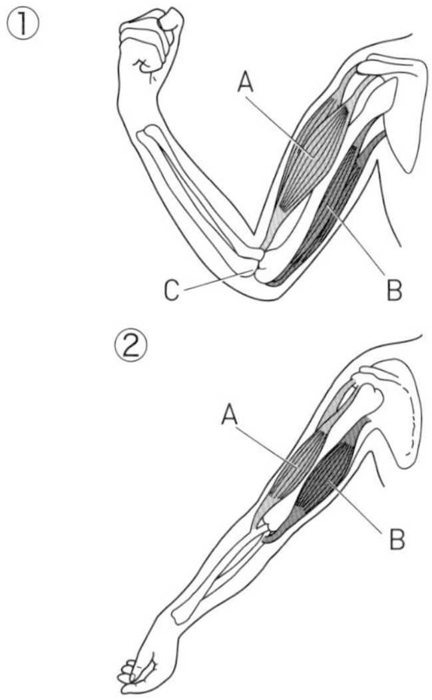

❶ 図は，腕（うで）を曲げるときと，のばすときの筋肉のようすを表したものである。次の各問いに答えなさい。

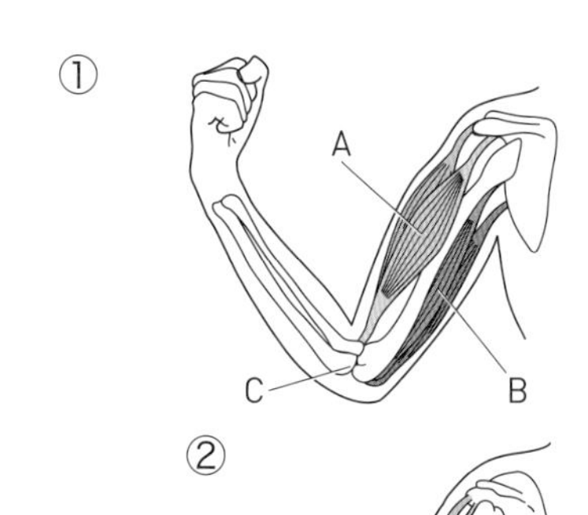

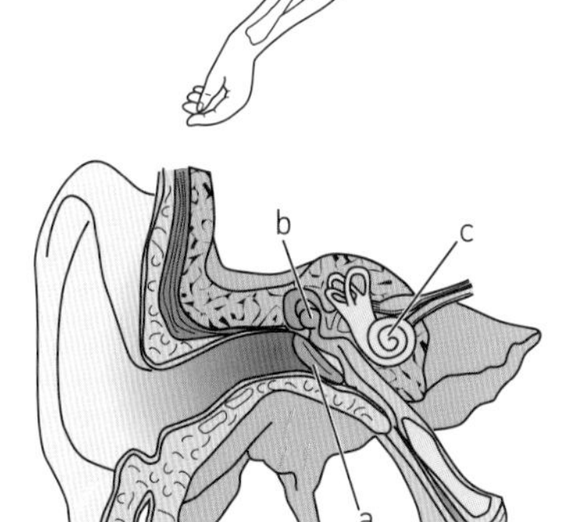

□ ❶ ①のように腕を曲げるとき，A，Bの筋肉は，それぞれどのようになるか。

A（　　　） B（　　　）

□ ❷ ②のように腕をのばすとき，A，Bの筋肉は，それぞれどのようになるか。

A（　　　） B（　　　）

□ ❸ Cの部分を何というか。（　　　）

【ヒトの耳のつくりとはたらき】

❷ 図は，ヒトの耳のつくりを表したものである。次の各問いに答えなさい。

□ ❶ 図のa～cの名称（めいしょう）を書きなさい。

a（　　　） b（　　　）
c（　　　）

□ ❷ 図のa～cのはたらきを，下の㋐～㋒よりそれぞれ選び，記号で答えなさい。

a（　　） b（　　） c（　　）

㋐ 刺激（しげき）を受けとる細胞（さいぼう）がある部分。
㋑ 音によって振動（しんどう）する。
㋒ 振動を伝える部分。

□ ❸ 次の①，②にあてはまる器官（きかん）を答えなさい。

① においを刺激として受けとる感覚器官（　　　）
② 圧力（あつりょく）を感じたり，熱い，冷たいと感じたり，痛いと感じたりする感覚器官（　　　）

ヒント ❶腕の内側と外側の筋肉は，腕を曲げるときとのばすときで逆の動きをする。

ミスに注意 ❷cでは，中にある液体をふるわせて音の刺激を受けとっている。

[解答▶p.10]

【ヒトの目のつくりとはたらき】

❸ 図は，ヒトの目のつくりを表したものである。次の各問いに答えなさい。

□ ❶ 目のように，まわりの状態を刺激として受けとる器官を何というか。　（　　　　　）

□ ❷ ❶にある，決まった種類の刺激を受けとる特別な細胞を何というか。　（　　　　　）

□ ❸ 目は何の刺激を受けとる器官か。　（　　　　　）

□ ❹ 図のａ～ｃの名称を書きなさい。また，そのはたらきを下の㋐～㋓よりそれぞれ選び，記号で答えなさい。

ａ：名称（　　　　　　）　はたらき（　　　　）
ｂ：名称（　　　　　　）　はたらき（　　　　）
ｃ：名称（　　　　　　）　はたらき（　　　　）

㋐ レンズに入る光の量を調節する。
㋑ 光の刺激を受けとる細胞がある。
㋒ 筋肉によってふくらみを変え，ピントの合った像を結ぶ。
㋓ レンズを守るはたらきをする。

【メダカの反応】

❹ 図のように，メダカを入れた水そうの外側で縦じま模様の紙を回し，メダカの泳ぐようすを観察した。次の問いに答えなさい。

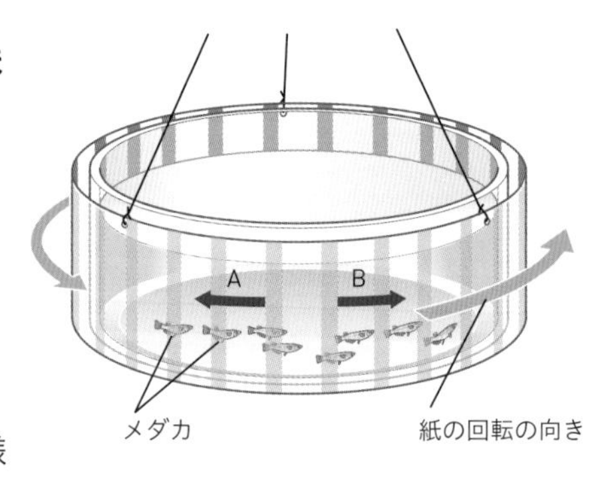

□ ❶ メダカの泳ぐ向きは，ＡとＢのどちらか。　（　　　）

□ ❷ 下の文の（　　）に適する言葉を入れなさい。
メダカは周囲の動きを（　　　　　）で感じとり，模様に合わせて泳ぐ。

ヒント ❸❹ ｃは明るさによってひとみの大きさを変えている。

［解答▶p.10］

【 神経系 】

❺ 図は，ヒトの神経系のつくりを模式的に表したものである。次の各問いに答えなさい。

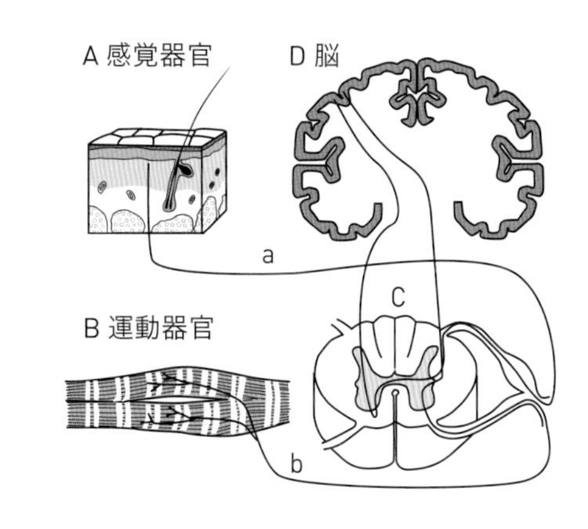

□ ❶ 図のCの名称を書きなさい。

（　　　　　　　）

□ ❷ ❶と脳を合わせた神経系を何というか。

（　　　　　　　）

□ ❸ ❷から出て細かく枝分かれして，体のすみずみまでいき渡（わた）っている神経系を何というか。

（　　　　　　　）

□ ❹ 図のaは，感覚器官で受けた刺激の信号を，図のCや脳に伝える神経である。この神経を何というか。（　　　　　　　）

□ ❺ 図のbは，図のCや脳からの信号を筋肉へ伝える神経である。この神経を何というか。（　　　　　　　）

【 運動が起こるしくみ 】

❻ 図はヒトの神経系の模式図である。次の各問いに答えなさい。

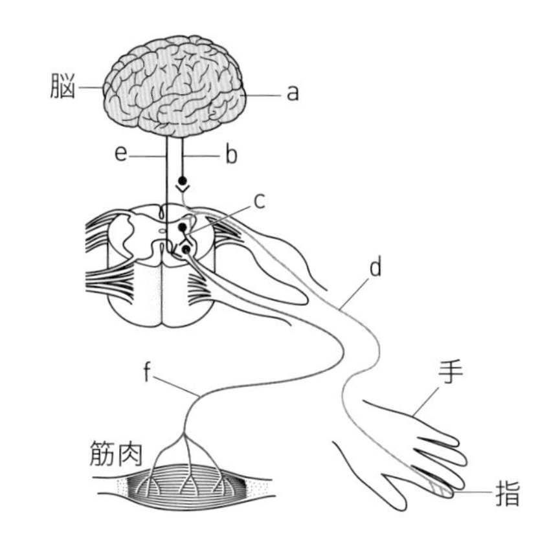

□ ❶ ①「熱いやかんに指がふれ，思わず手を引っこめた。」②「手が痛かったので，冷たい水で冷やした。」という，それぞれの動作が起こるまでの信号が伝わる道すじを図のa～fから選んで並べなさい。

①（　　　　　　　　　　　　　　）

②（　　　　　　　　　　　　　　）

□ ❷ ❶の①のように，ある刺激に対して無意識に起こる反応を何というか。（　　　　　）

□ ❸ 次の㋐～㋓のうち，❷の反応にあてはまるものをすべて選び，記号で答えなさい。（　　　　　）

㋐ 暗い場所から明るい場所へ行くと，ひとみが小さくなった。

㋑ ボールが飛んできたので，思わず手で受け止めた。

㋒ すばらしい演奏をきいて，手をたたいた。

㋓ ひざの下を軽くたたいたら，あしが動いた。

ヒント ❺❷神経系の中枢（ちゅうすう）となる部分である。

ヒント ❻❶無意識に行われる反応では，刺激の信号は，脊髄（せきずい）から直接運動神経に伝わる。

Step 3 予想テスト 単元2 生物の体のつくりとはたらき

30分　　/100点　目標 70点

❶ 細胞について，次の問いに答えなさい。

植物の細胞　　動物の細胞

A　B　C　D　E

□ ❶ 右の図は，植物の細胞と動物の細胞のつくりの模式図である。A～Eの名称を答えなさい。

□ ❷ ゾウリムシやミカヅキモのように，体が１つの細胞からできている生物を何というか。

□ ❸ ヒトの体は，いろいろな形やはたらきをしている細胞が集まってできている。

① 同じような形をして同じはたらきをする細胞の集まりを何というか。

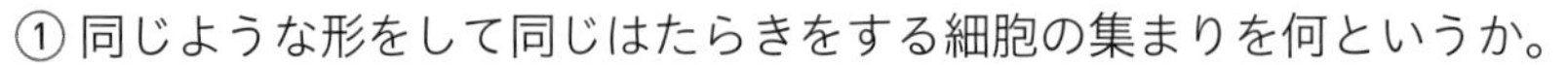

② 胃や肺のように，いくつかの①が集まって１つのまとまったはたらきをするものを何というか。

❷ 蒸散について調べるために，右の図のように，葉の枚数や大きさが同じくらいのホウセンカの枝を３本切りとり，次のような実験を行った。後の問いに答えなさい。

A　B　C

食用油

赤インクで着色した水

三角フラスコ	A	B	C
水の減少量〔mL〕	12	6	14

操作1 赤インクで着色した水を同じ量になるように，３つの三角フラスコに入れた。

操作2 Aのホウセンカには葉の表に，Bには葉の裏にワセリンを塗った。Cには塗らなかった。

操作3 三角フラスコにそれぞれ枝をさして水面に食用油を浮かせ，日あたりと風通しの良い場所に数時間置き，水の減少量を調べた。表はそのときの結果である。

□ ❶ **操作3**の下線部のようにした理由を簡単に説明しなさい。思

点UP □ ❷ 葉の裏からの蒸散量と茎からの蒸散量はそれぞれ何mLか。思

□ ❸ Cの茎をとり出し，輪切りにして顕微鏡で観察した。このときのスケッチをア～エから選びなさい。ただし，赤く染まっている部分を黒く塗りつぶしてある。

ア

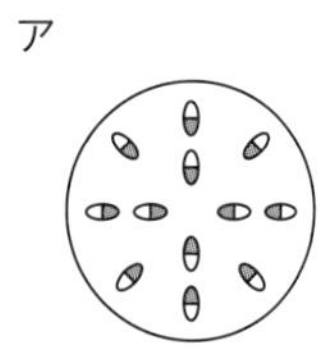

イ

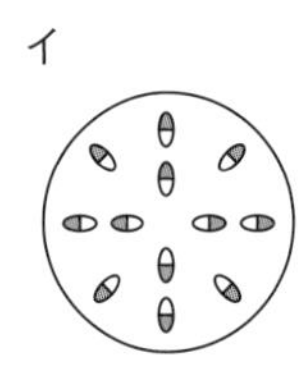

ウ

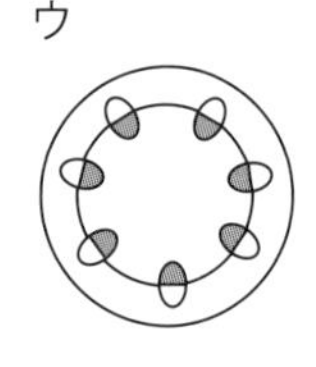

エ

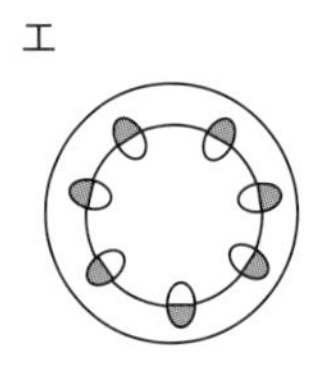

成績評価の観点　技…観察・実験の技能　思…科学的な思考・判断・表現

❸ **だ液のはたらきを調べるため，図のようにA～Dの4本の試験管に同じ濃度のデンプン溶液を入れ，AとCの試験管にはだ液を，BとDの試験管には水を入れて，40℃の水であたためた。次に，AとBの試験管にはヨウ素液を加え，CとDの試験管にはベネジクト液を加えて加熱した。**

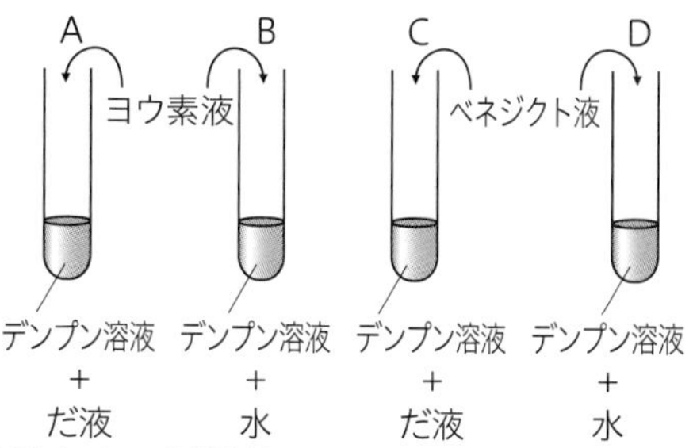

□ ❶ 試験管A，Bにヨウ素液を加えたとき，反応したのはどちらの試験管か。また，何色に変化したか。

□ ❷ 試験管CとDにベネジクト液を加えて加熱したとき，沈殿ができたのはどちらの試験管か。また，沈殿の色は何色か。

点UP □ ❸ この実験から，だ液はデンプンを何に分解するはたらきをもつか。次の㋐～㋓の中から適当なものを選びなさい。思

㋐ アミノ酸　㋑ モノグリセリド　㋒ 脂肪酸
㋓ ブドウ糖がいくつかつながったもの

❹ **図はヒトの神経系のつくりを模式的に表したものである。**

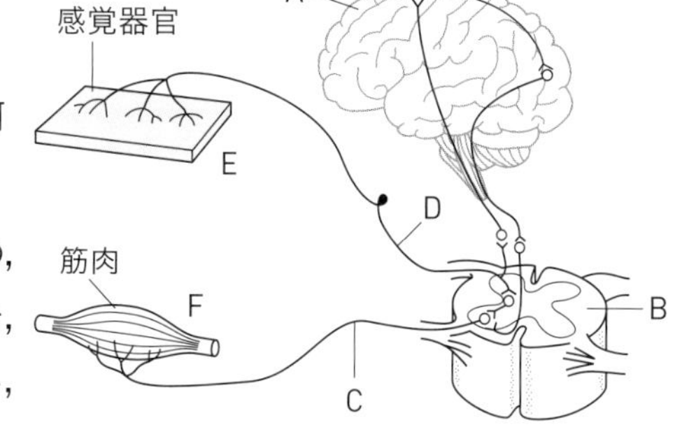

□ ❶ C，Dは神経を表している。それぞれの神経を何というか。

□ ❷ 「手が冷たいのでストーブに手をかざした」場合の，刺激を受けとってから反応が起こるまでの経路を，A～Fの記号を左から並べて答えなさい。ただし，同じ記号を2度使ってもよい。

□ ❸ 「誤って熱いやかんに指が触れ，思わず手を引っ込めた」場合の，刺激を受けとってから反応が起こるまでの経路を，A～Fの記号を左から並べて答えなさい。

□ ❹ ❸のような反応を何というか。

❶ 各5点	❶ A	B	C	D
	E	❷	❸①	②
❷ 各5点	❶			
	❷ 葉の裏　mL	茎　mL		❸
❸ 各5点	❶	2つで5点	❷ 2つで5点	❸
❹ 各5点	❶ C	D	❷	
	❸		❹	

❶ ／40点　❷ ／20点　❸ ／15点　❹ ／25点

［解答▶p.11］

Step 1 基本チェック　1章 電流と回路①

10分

赤シートを使って答えよう！

❶ 回路の電流

▶ 教 p.161-171

- □ 電気の流れを［電流(でんりゅう)］という。
- □ 電流が流れるひとまわりのつながった道すじを［回路(かいろ)］という。
- □ 電流の単位は［アンペア］で，記号では［A］と書く。
- □ 回路を流れる電流の向きは，電源の［＋(プラス)］極から出て［－(マイナス)］極に入る向きと決められている。
- □ 電流の流れる道すじが一本道になっている回路を［直列(ちょくれつ)］回路という。
- □ 電流の流れる道すじが途中で枝分かれしている回路を［並列(へいれつ)］回路という。
- □ 直列回路では，電流の大きさはどこも［等しい］。
- □ 並列回路では，道すじが枝分かれしている部分の電流の大きさの［和］は，枝分かれしていない部分の電流の大きさと等しい。

❷ 回路の電圧

▶ 教 p.172-177

- □ 電源が電流を流すはたらきの大きさを［電圧(でんあつ)］という。
- □ 電圧の単位は［ボルト］で，記号は［V］と書く。
- □ 2個の豆電球の直列回路では，それぞれの豆電球に加わる電圧の大きさの［和］が，電源または回路全体の電圧の大きさに等しい。
- □ 2個の豆電球の並列回路では，それぞれの豆電球に加わる電圧の大きさは全て［同じ］で，電源または回路全体の電圧の大きさに等しい。

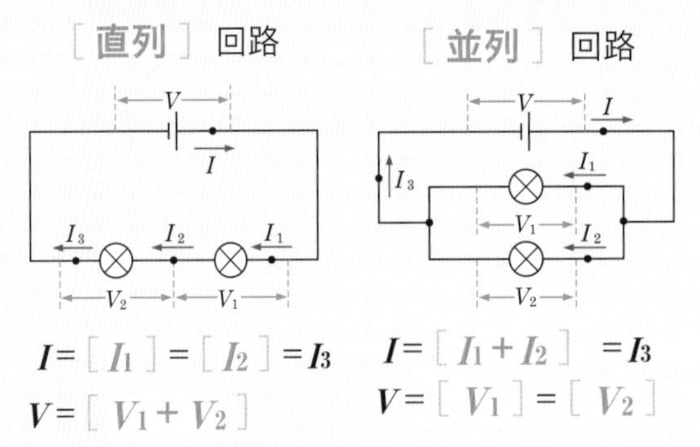

I=［I_1］=［I_2］=I_3
V=［V_1+V_2］

I=［I_1+I_2］=I_3
V=［V_1］=［V_2］

電流の大きさを表す記号Iは，電流の強さという意味の英語，intensity of current からきているよ。

□ **回路に流れる電流，回路に加わる電圧**

電流計の使い方や電圧計の使い方についてもテストにはよく出るので，次ページの問題を解いて整理しておこう。

Step 2 予想問題　1章 電流と回路①

20分（1ページ10分）

【電流計の使い方】

❶ 豆電球に流れる電流を調べた。次の各問いに答えなさい。

□ ❶ 電流計のつなぎ方として正しいのは，図1のA・Bのどちらか。
（　　）

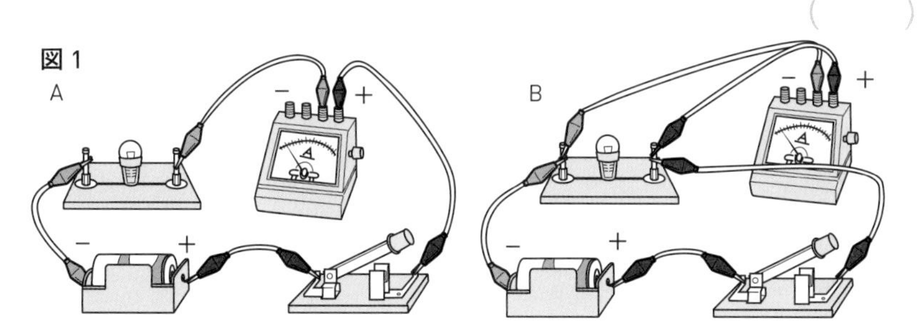

□ ❷ −端子は，50 mA，500 mA，5 Aの3個がある。電流の大きさが予想できないときは，まず，どの−端子につなぐか。
（　　　）

図2

50mA　500mA　5A　+D.C.

□ ❸ 図2の電流計の目盛りを読みなさい。（　　　）

【電圧計の使い方】

❷ 図1で，電流や電圧をはかった。次の各問いに答えなさい。

□ ❶ 図1のX・Yで，電圧計はどちらか。（　　）

□ ❷ X・Yの＋端子は，それぞれ，図1のa～dのどこにつなぐか。　X（　　　）　Y（　　　）

□ ❸ 電圧計の−端子には，300 V，15 V，3 Vの3個がある。電圧の予想ができないときは，まずどの−端子につなぐか。
（　　　）

□ ❹ 図2の電圧計の目盛りを読みなさい。（　　　）

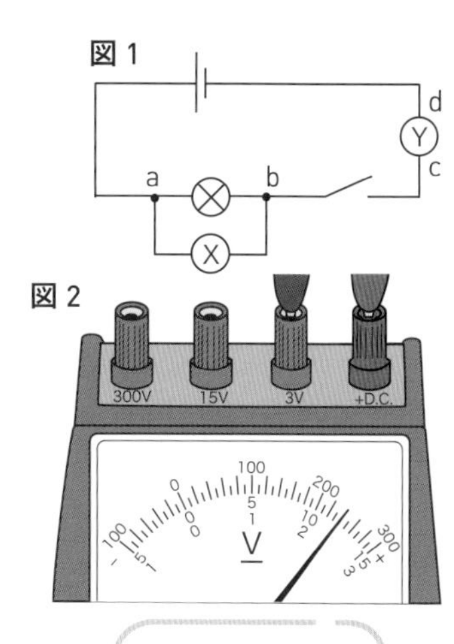

ヒント ❶❶電流計は，はかろうとする部分に直列につなぐ。

ヒント ❷❶電圧計は，はかろうとする部分に並列につなぐ。

［解答▶p.12］

【 直列回路の電流と電圧 】

❸ 図のように，豆電球A，Bを直列につないだ回路をつくり，3Vの電圧を加えて回路を流れる電流と電圧の大きさを調べた。次の各問いに答えなさい。

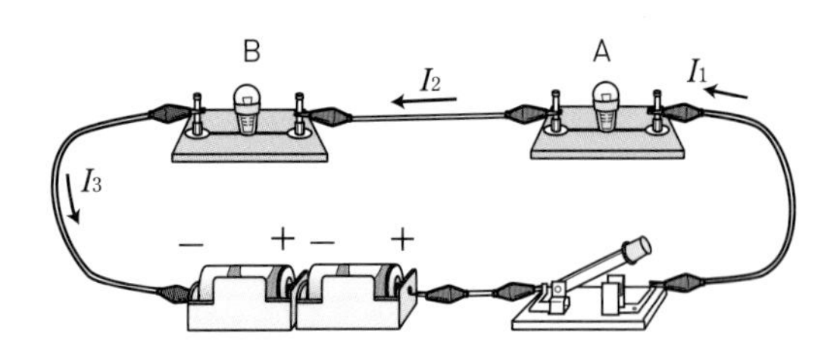

□ ❶ I_1を流れる電流を調べたところ，250 mAであった。このとき，I_2，I_3の電流の大きさはそれぞれ何mAか。

I_2（　　　　　）　I_3（　　　　　）

□ ❷ 豆電球Aの両端(りょうたん)に加わる電圧が2Vであった。このとき，豆電球Bの両端に加わる電圧はいくらか。（　　　　　）

□ ❸ 豆電球A，Bの両端に加わる電圧をそれぞれV_A，V_B，全体の電圧をVとすると，V_A，V_B，Vの関係を式に表しなさい。

（　　　　　）

【 並列回路の電流と電圧 】

❹ 図のように，豆電球A，Bを並列につないだ回路をつくり，1.5Vの電圧をかけて回路を流れる電流と電圧の大きさを調べた。次の各問いに答えなさい。

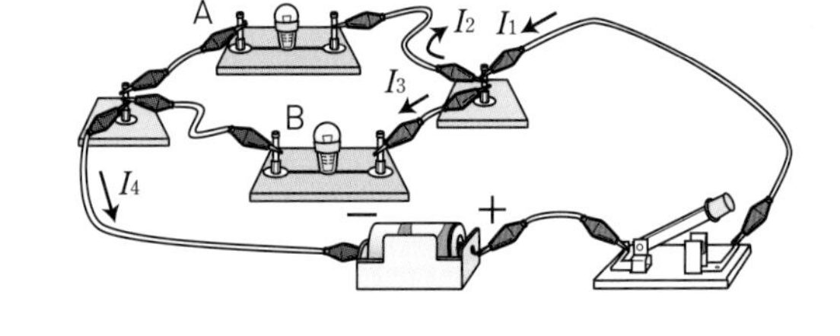

□ ❶ I_1を流れる電流の大きさをはかったところ，0.5 Aだった。このとき，I_4の電流の大きさは何Aか。（　　　　　）

□ ❷ I_2を流れる電流の大きさをはかったところ，0.3 Aだった。このとき，I_3の電流の大きさは何Aか。（　　　　　）

□ ❸ 電流の大きさI_1，I_2，I_3，I_4の関係を式に表しなさい。

（　　　　　）

□ ❹ 豆電球A，Bの両端に加わる電圧をそれぞれV_A，V_Bとすると，V_A，V_Bの電圧の大きさはそれぞれ何Vか。

V_A（　　　　　）　V_B（　　　　　）

□ ❺ 電圧の大きさV_A，V_Bと，全体の電圧Vの関係を式に表しなさい。

（　　　　　）

ヒント ❸❶直列回路を流れる電流は，どこも同じ大きさである。

ヒント ❹❹❺並列回路に加わる電圧は，どの部分も同じ大きさである。

[解答▶p.12]

Step 1 基本チェック　1章 電流と回路②

赤シートを使って答えよう！

❸ 回路の抵抗

▶ 教 p.178-185

- □ 電気の流れにくさを［電気抵抗］(抵抗) という。
- □ 抵抗の単位は［オーム］で，記号では［Ω］と書く。
- □ 抵抗〔Ω〕＝ $\dfrac{[電圧]〔V〕}{[電流]〔A〕}$　　$R=\dfrac{V}{I}$
- □ 回路を流れる電流の大きさは，電圧の大きさに［比例］する。この関係を［オームの法則］という。
- □ 電圧V〔V〕，電流I〔A〕，抵抗R〔Ω〕の関係
  電圧〔V〕＝［抵抗］〔Ω〕×［電流］〔A〕　　$V=RI$
  電流〔A〕＝ $\dfrac{[電圧]〔V〕}{[抵抗]〔Ω〕}$　　$I=\dfrac{V}{R}$
- □ 金属などのように，電流が流れやすい物質を［導体］という。
- □ ゴムなどのように，電流が極めて流れにくい物質を［絶縁体］または［不導体］という。
- □ 抵抗を直列につないだ回路では，全体の抵抗の大きさは，それぞれの抵抗の大きさの［和］になる。
- □ 抵抗を並列につないだ回路では，全体の抵抗は，それぞれの抵抗の大きさより［小さく］なる。

抵抗器の直列つなぎ

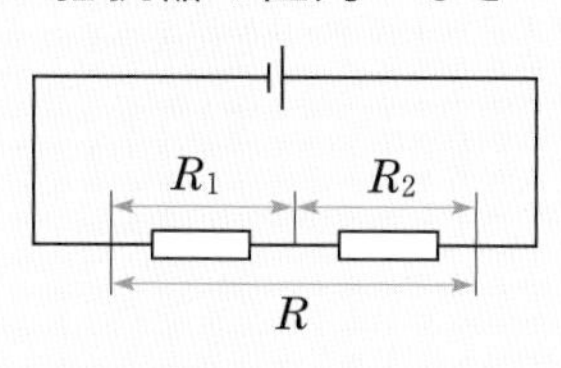

抵抗器の並列つなぎ

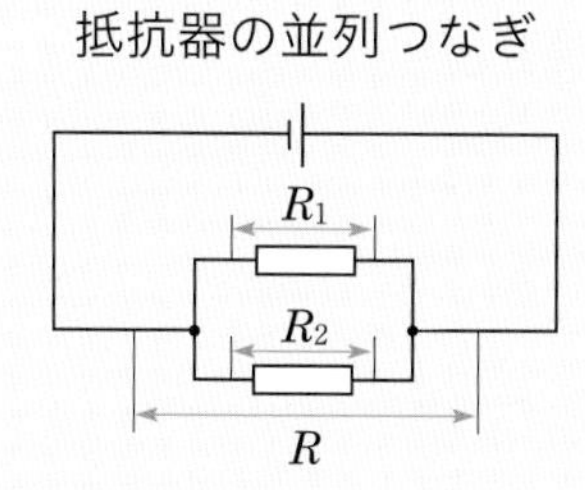

$R=[R_1+R_2]$　　$\dfrac{1}{R}=\left[\dfrac{1}{R_1}+\dfrac{1}{R_2}\right]$

□ 回路全体の抵抗

抵抗を表すRは，抵抗という意味の英語，resistanceからきているよ。

オームの法則の関係は，V，I，Rの関係式を１つでも覚えていれば，式を変形して導くことができるよ。

Step 2 予想問題 1章 電流と回路②

10分
(1ページ10分)

【電流と電圧の関係】

❶ 太い電熱線と細い電熱線に電流を流し，電流の大きさと電熱線の両端に加わる電圧を測定したところ，グラフのようになった。次の各問いに答えなさい。

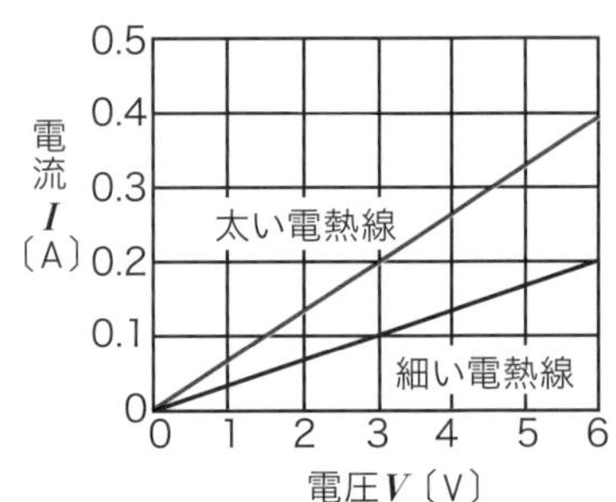

□ ❶ 同じ電圧を加えたとき，流れる電流が大きいのは，太い電熱線か細い電熱線か。 (　　　　)

□ ❷ 太い電熱線と細い電熱線の抵抗をそれぞれ求めよ。
太い電熱線 (　　　　)　細い電熱線 (　　　　)

□ ❸ 細い電熱線に0.3 Aの電流が流れているとき，その両端に加わる電圧はいくらか。 (　　　　)

【電圧計の使い方】

❷ 右の図1，図2のように，10 Ωの抵抗を2つつないだ回路をつくった。次の各問いに答えなさい。

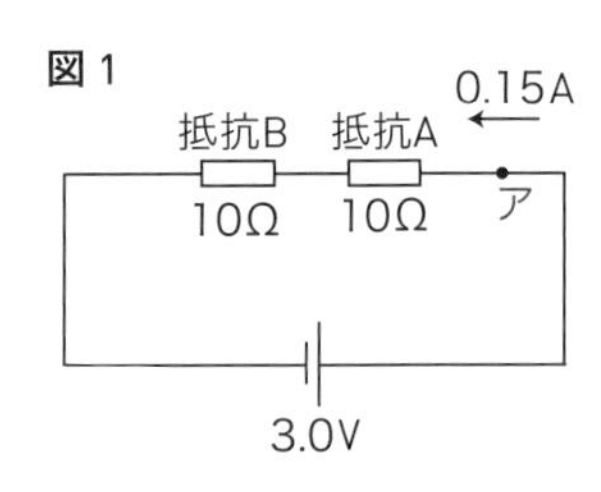

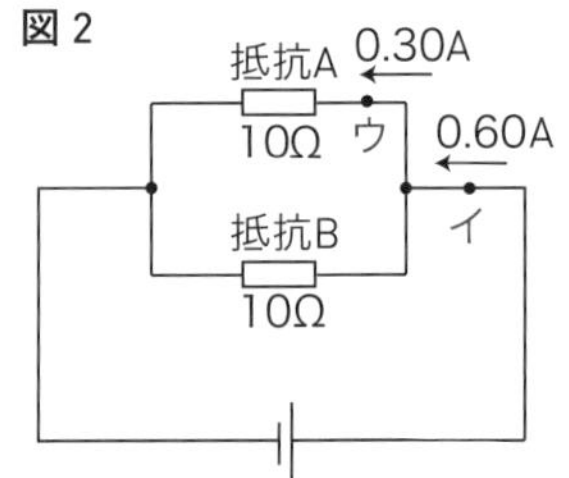

□ ❶ 図1について，点アを流れる電流の大きさは0.15 Aであった。
① 抵抗Aに流れる電流の大きさは何Aか。 (　　　　)
② 抵抗Bに加わる電圧は何Vか。 (　　　　)
③ 回路全体の抵抗は何Ωか。 (　　　　)

□ ❷ 図2について，点イ，ウを流れる電流はそれぞれ0.60 A，0.30 Aであった。
① 抵抗Aに加わっている電圧は何Vか。 (　　　　)
② 抵抗Bを流れる電流の大きさは何Aか。 (　　　　)
③ この回路全体の抵抗は何Ωか。 (　　　　)
④ 抵抗を並列につなぐと，回路全体の抵抗はそれぞれの抵抗より大きくなるか，小さくなるか。 (　　　　)

並列回路の回路全体の抵抗は，それぞれの抵抗と異なるよ。

ヒント ❶❶細い電熱線のほうが，抵抗が大きい。

ヒント ❷❷並列回路での回路全体の抵抗は，抵抗に加わる電圧と，点イを流れる電流から求める。

[解答▶p.12]

Step 1 基本チェック　1章 電流と回路③

10分

赤シートを使って答えよう！

4 電流とそのエネルギー

▶ 教 p.186-190

- □ 電気がもっているような，いろいろなはたらきができることをエネルギーをもつといい，電気のもつエネルギーを［電気(でんき)エネルギー］という。
- □ 1秒当たりに消費する電気エネルギーの大きさを［電力(でんりょく)］という。
- □ 電力の単位は，［ワット］といい，記号は［W］と書く。
- □ 電力〔W〕＝［電圧］〔V〕×［電流］〔A〕
- □ 電流を流したときに発生する熱のように，物質に出入りする熱の量を［熱量(ねつりょう)］という。
- □ 電流によって発生する熱量は，電力の大きさと電流を流した時間に［比例］する。
- □ 熱量の単位は，［ジュール］といい，記号は［J］と書く。
- □ 熱量〔J〕＝［電力］〔W〕×［時間］〔s〕
- □ 電気を使ったときに消費した電気エネルギーの量を［電力量(でんりょくりょう)］という。
- □ 電力量の単位は，熱量と同じ［ジュール］〔記号J〕である。
- □ 電力量〔J〕＝［電力］〔W〕×［時間］〔s〕
- □ 日常生活では，電力量の単位に［キロワット時］〔記号kWh〕を使うことが多い。1kWの電力で電気を1時間使ったときの電力量が［1kWh］である。
- □ 1gの水を1℃上昇(じょうしょう)させるには，約［4.2］Jの熱量が必要である。

電流を流した時間と水の上昇温度

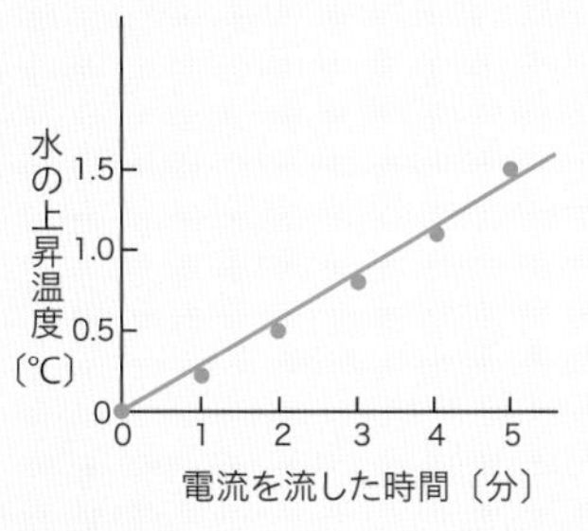

電力が一定のとき，電熱線から発生する熱量は，電流を流す［時間］に比例する。

電力と水の上昇温度

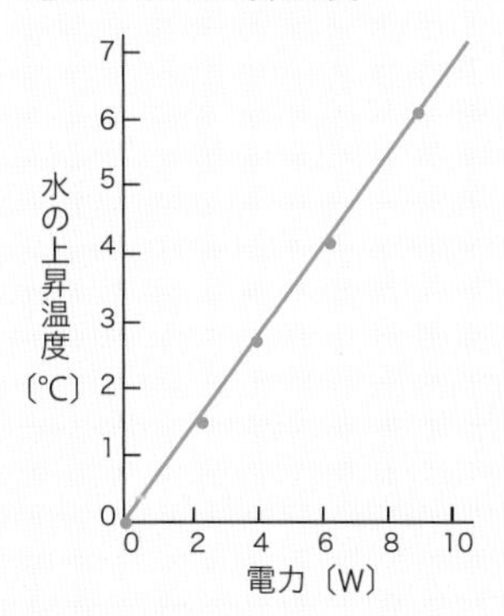

電流を流す時間が一定のとき，電熱線から発生する熱量は，［電力］の大きさに比例する。

電力は，力強さという意味の英語，powerの頭文字を使って，Pと表すことがあるよ。

□ **電力と熱量の関係**

熱量や電力量を求めるときは，時間の単位が，秒，分，時間のどれになっているか注意しよう。

Step 2 予想問題 1章 電流と回路③

10分
(1ページ10分)

【電力】

❶ 40 W用の電球と100 W用の電球にそれぞれ100 Vの電圧(でんあつ)をかけた。次の各問いに答えなさい。

□ ❶ Wは何を表す記号か。 (　　　)

□ ❷ どちらの電球が明るいか。次の㋐～㋒より選び，記号で答えなさい。 (　　　)

㋐ 40 W用の電球　㋑ 100 W用の電球　㋒ どちらも同じ

【電力と発熱】

❷ 右の図のような装置をつくり，6 V 6 Wの電熱線を水100 gの入ったビーカーに入れ，6 Vの電圧をかけて1分ごとに水温をはかった。このとき，電流計は1.0 Aを示していた。次に，この電熱線2本を並列につなぎ，同様に実験を行った。表はその結果である。次の各問いに答えなさい。

時間〔分〕	0	1	2	3	4	5
1本の水温〔℃〕	15.0	15.8	16.6	17.4	18.2	19.0
2本の水温〔℃〕	15.0	16.6	18.2	19.8	21.4	23.0

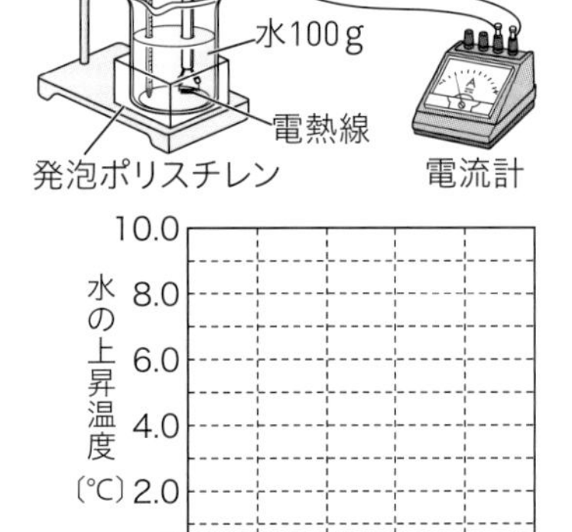

□ ❶ 6 V 6 Wの電熱線の5分間の発熱量は何Jか。 (　　　)

□ ❷ 表から，電熱線が1本のときと2本のときの水の上昇(じょうしょう)温度と時間の関係を表すグラフを，それぞれ右にかきなさい。

□ ❸ 6 V 6 Wの電熱線のかわりに，6 V 9 Wの電熱線1本を使って同じ実験をした。

① 電流計はいくらを示すか。 (　　　)

② はじめの水温が15.0 ℃のとき，5分後の水温は何℃になると考えられるか。 (　　　)

【電力と電力量】

❸ 100 V 800 Wの電熱器を100 Vのコンセントにつないだ。

□ ❶ 電熱器に流れる電流は何Aか。 (　　　)

□ ❷ 電熱器を15分間使ったときの電力量(でんりょくりょう)は何Whか。 (　　　)

ヒント ❷❶1 Wの電力で1秒間に発熱する量が1Jである。

ヒント ❷❸①6 Wのとき1.0 Aだったので，1.5倍の9 Wでは，1.5倍の電流が流れる。

[解答▶p.13]

Step 1 基本チェック　2章 電流と磁界

10分

赤シートを使って答えよう！

❶ 電流がつくる磁界

▶ 教 p.192-197

□ 磁石や電磁石の力を［磁力］といい，これがはたらく空間を［磁界］という。

□ 方位磁針のN極が指す向きを［磁界の向き］という。

□ 磁界の向きや磁力の大きさを表した曲線を［磁力線］という。

→・［N］極から出て［S］極に入る向きに矢印で表す。

・磁界が強く，磁力が大きいほど，磁力線の間隔が［狭い］。

・枝分かれしたり交わったりしない。

❷ 電流が磁界から受ける力

▶ 教 p.198-201

□ 電流が磁界から受ける力には，次のような性質がある。

・力の向きは，電流の向きと磁界の向きの両方に［垂直］である。

・電流の向きや磁界の向きを逆にすると，力の向きは［逆］になる。

・電流を大きくしたり，磁界を強くしたりすると，力は［大きく］なる。

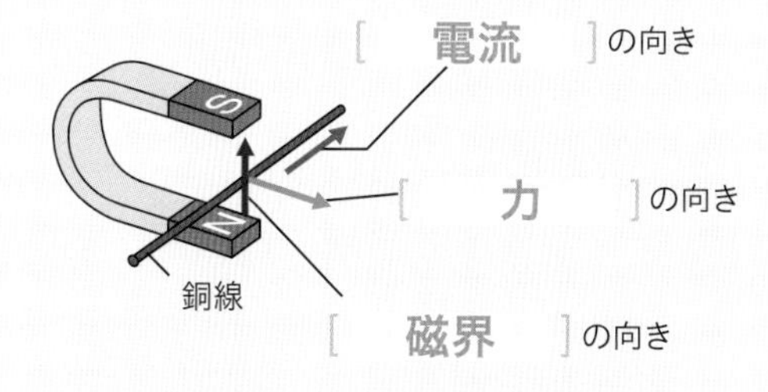

□ **電流や磁界と力の向きの関係**

❸ 電磁誘導と発電

▶ 教 p.202-208

□ 磁石をコイルの近くで動かすと，コイルに電圧が生じる現象を［電磁誘導］といい，これによって流れる電流を［誘導電流］という。

□ 流れる向きが常に一定で変わらない電流を［直流］(DC) といい，向きが周期的に変わる電流を［交流］(AC) という。

□ 交流が流れるとき，電流の向きの変化が1秒間に繰り返す回数を交流の［周波数］といい，単位は［ヘルツ］(記号Hz) である。

直流のDCは，英語のdirect current，交流のACは，英語のalternating currentからきているよ。

誘導電流の大きさを大きくするには，磁界の変化を大きくする，磁界を強くする，コイルの巻数を多くするという方法があるよ。

Step 2 予想問題 2章 電流と磁界

【コイルのまわりの磁界】

❶ 図1，図2のように，導線やコイルに電流を流した。次の各問いに答えなさい。

□ ❶ 図1，図2のa～c点に方位磁針を置くと，磁針の向きはそれぞれ図3の㋐～㋓のどの向きになるか。

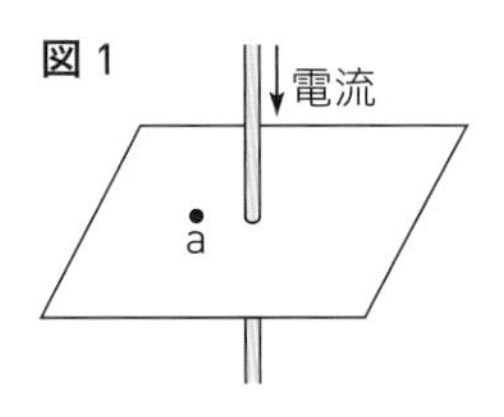

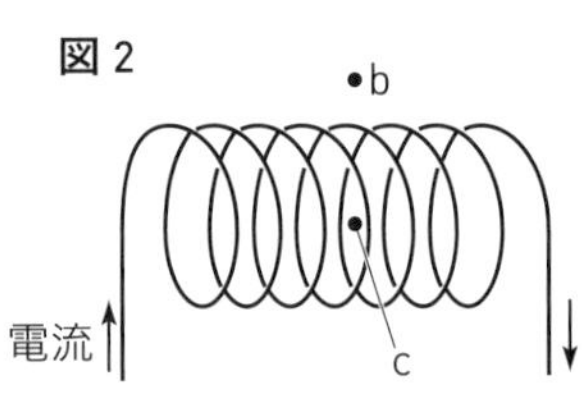

a（　　　）　b（　　　）　c（　　　）

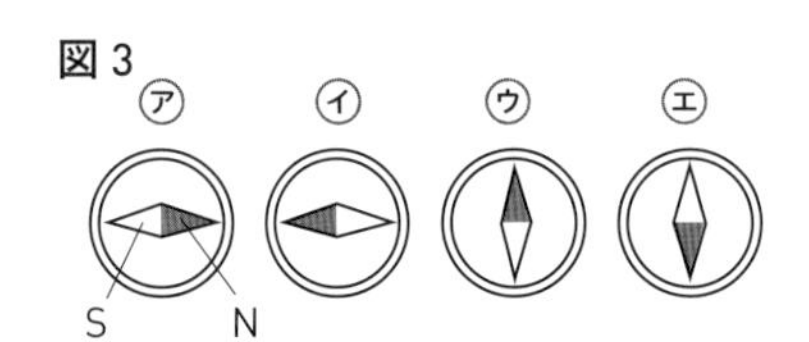

□ ❷ 図1で，電流の向きを逆にすると，磁界（じかい）の向きはどうなるか。（　　　　　　）

□ ❸ 図2で，コイルのまわりにできる磁界を強くするには，コイルの巻数を多くする以外にどんな方法があるか。2つ書きなさい。（　　　　　　）（　　　　　　）

【電流が磁界から受ける力】

❷ 図1のような装置を用いて，電流が磁界の中で受ける力を調べたところ，矢印の向きに力を受けた。次の各問いに答えなさい。

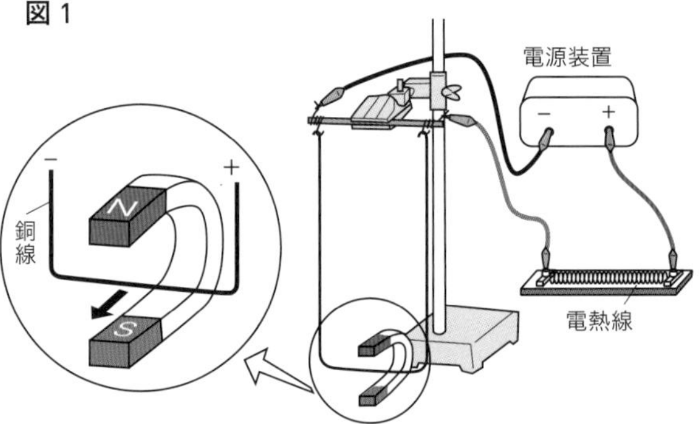

□ ❶ 電流の向きや磁界の向きを変えて，電流の受ける力の向きを調べる。図2の①～③の場合，銅線の動く向きは㋐，㋑のどちらか。それぞれ答えなさい。

①（　　　）　②（　　　）　③（　　　）

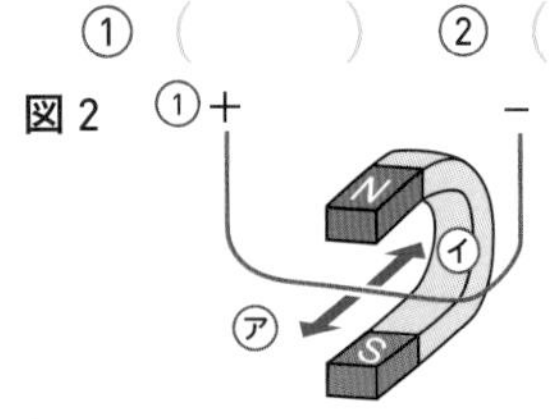

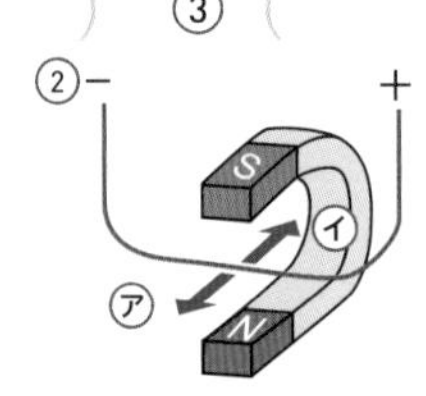

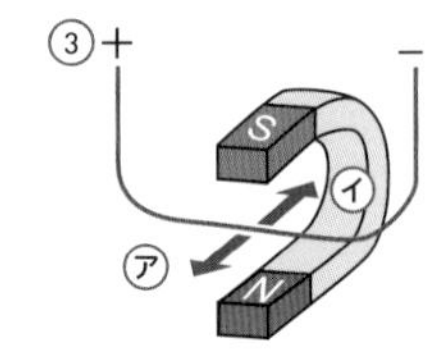

□ ❷ 電流を大きくすると，電流の受ける力はどうなるか。

（　　　　　　）

ヒント ❶❶電流の向きと磁界の向きは，ねじの進む向きとねじの回る向きの関係と同じ。

ヒント ❷❶電流の向きや磁界の向きを逆にすると，力の向きは逆になる。

［解答▶p.13］

【電磁誘導】

❸ 右の図のように，コイルと検流計をつないで，磁石のN極をコイルに近づけたところ，検流計の針が＋側に振(ふ)れた。次の各問いに答えなさい。

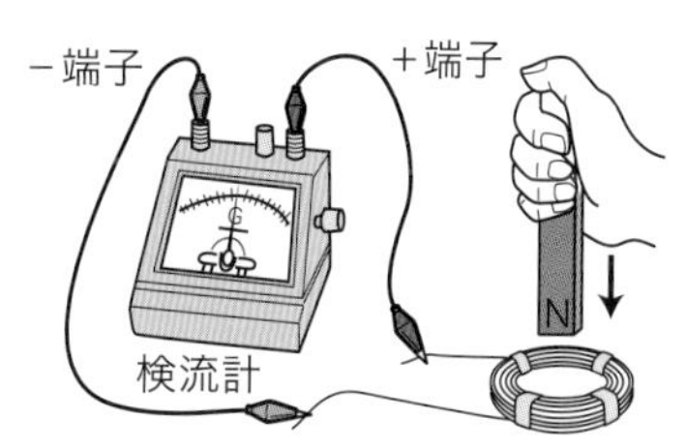

□ ❶ 図のようにして，電流が生じる現象を何というか。
（　　　　　　）

□ ❷ 図のようにして流れた電流を何というか。
（　　　　　　）

□ ❸ 図の装置を使って，次の㋐〜㋓の操作を行った。検流計の針が−側に振れるものをすべて選びなさい。（　　　　　　）

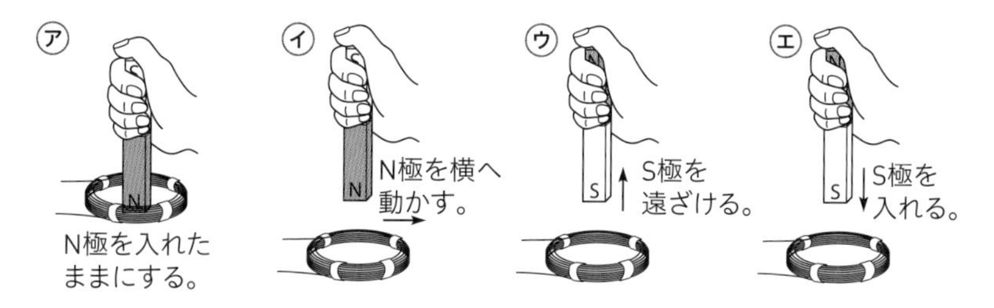

□ ❹ 磁石を固定してコイルを動かしても電流は流れるか。（　　　　　　）

□ ❺ 次のとき，流れる電流の大きさはそれぞれどうなるか。
① コイルの巻数(まきすう)を少なくする。（　　　　　　）
② 磁石の動きを速くする。（　　　　　　）

【直流(ちょくりゅう)と交流(こうりゅう)】

❹ 直流と交流について，オシロスコープと発光ダイオードで調べた結果，図1〜4のようになった。次の各問いに答えなさい。

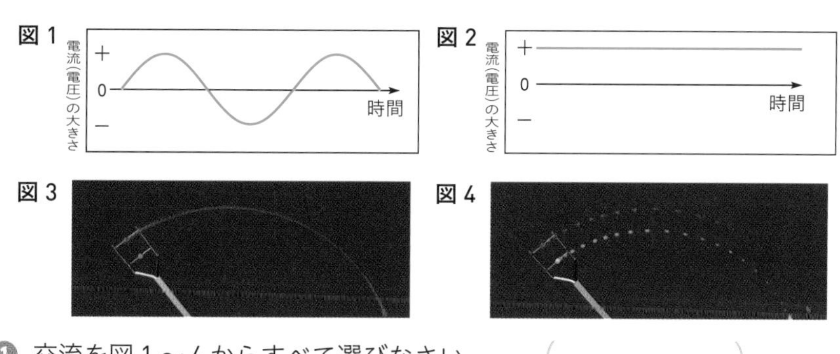

□ ❶ 交流を図1〜4からすべて選びなさい。（　　　　　　）

□ ❷ これらの実験からいえる交流の特徴(とくちょう)を書きなさい。
（　　　　　　　　　　　　　　　　　　）

ヒント ❸❺磁石の動きを速くすると，磁界の変化が大きくなる。

ヒント ❹発光ダイオードは，電流の流れる向きが逆になると点灯しない。

［解答▶p.13］

Step 1 基本チェック 3章 電流の正体

10分

赤シートを使って答えよう！

❶ 静電気と力

▶ 教 p.210-212

- □ 物体にたまった電気を［静電気］という。
- □ 同じ種類の電気の間では［退け合う］力がはたらき，異なる種類では［引き合う］力がはたらく。このような電気の間ではたらく力を［電気の力］という。

❷ 静電気と放電

▶ 教 p.213-214

- □ たまっていた電気が流れ出たり，電気が空間を移動したりする現象を［放電］という。
- □ 気圧を極めて低くした空間を通って電流が流れる現象を［真空放電］という。

❸ 電流と電子

▶ 教 p.216-218

- □ 陰極線は，－の電気を帯びた小さな粒子である［電子］の流れである。
- □ 陰極線は，陰極の金属から飛び出した電子の流れであることから，現在では［電子線］という。

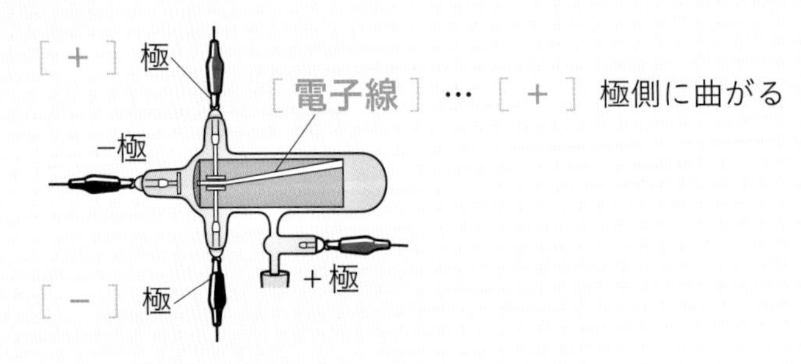

□ 電子線のようすを調べる実験

❹ 放射線とその利用

▶ 教 p.219-221

- □ レントゲン撮影などで使われるX線は，現在では［放射線］であることがわかっている。
- □ 放射線を放つ物質を，［放射性物質］という。

放射線には，光のなかまであるX線やγ線，高速の粒子の流れであるα線やβ線などがある。

Step 2 予想問題　3章 電流の正体

【摩擦で生じる電気】

❶ 2本のストローをティッシュペーパーでこすり，図1，図2のような装置をつくった。次の各問いに答えなさい。

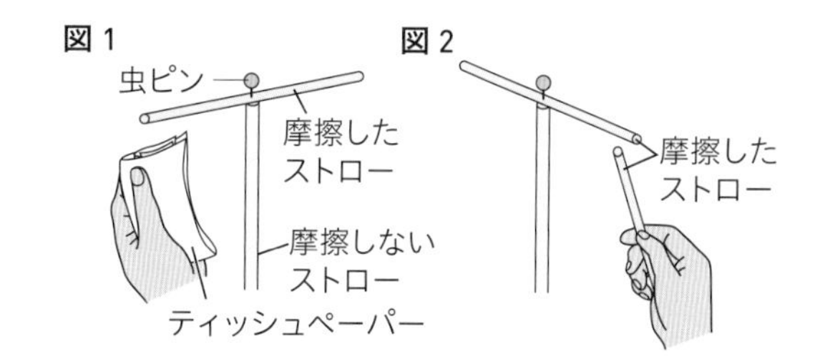

□ ❶ 図1で，ストローとティッシュペーパーは引き合った。2つの物質にたまっている電気は，同じ種類の電気か，ちがう種類の電気か。
（　　　　　　　）

□ ❷ 図2で，摩擦した2本のストローは引き合うか，退け合うか。（　　　　　　　）

□ ❸ 摩擦した2本のストローにたまっている電気は，同じ種類の電気か，ちがう種類の電気か。（　　　　　　　）

【真空放電】

❷ 下の図1，図2は，放電管の中の空気をぬいて，気圧を下げ，＋極と－極の間に高い電圧を加えた実験のようすである。次の各問いに答えなさい。

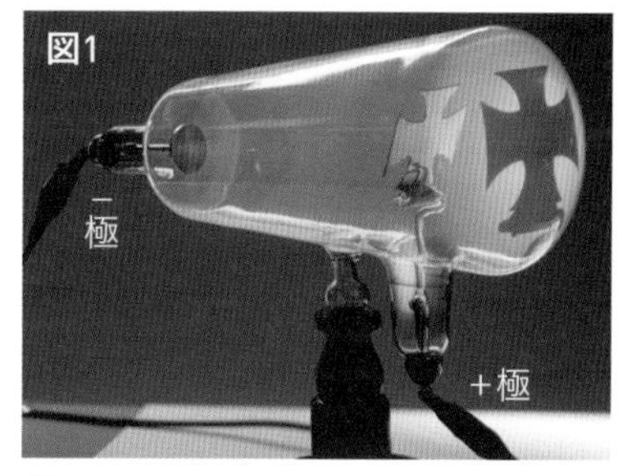

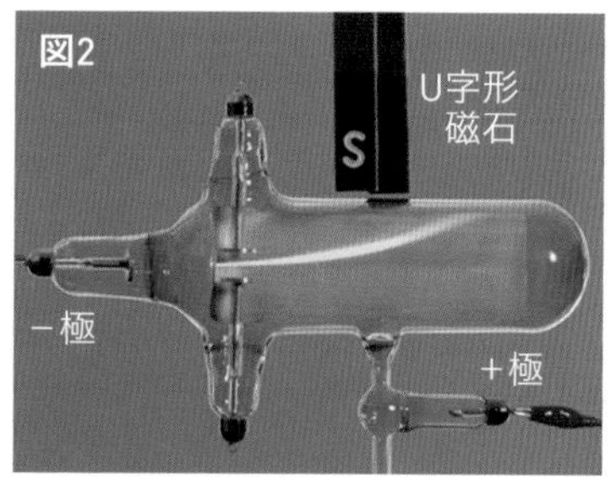

□ ❶ 図1，図2より，わかることを述べた次の文章の（　）にあてはまる言葉を入れなさい。
放電管の中を①（　　　）極から②（　　　）極に向かって③（　　　）をもったものが飛び出している。

□ ❷ 電流は，放電管の中をどの向きに流れているか。次の㋐～㋒から選び，記号で答えなさい。（　　　）
㋐ －極から＋極の向き。　㋑ ＋極から－極の向き。　㋒ 放電管内には流れない。

ヒント ❶❶一方は＋の電気，他方は－の電気を帯びる。

ヒント ❷図2では，磁石の極を逆にすると，曲がる方向が逆になる。

［解答▶p.14］

Step 3 予想テスト　単元3　電流とその利用

30分　　/100点　目標 80点

❶ 図1のような電源装置，電熱線，電流計，電圧計，スイッチを使って回路をつくり，電熱線の両端に加える電圧を変化させ，電熱線に流れる電流を測定した。次の各問いに答えなさい。 技

図1

電圧計

電流計

電源装置
－　＋

電熱線A

スイッチ

□ ❶ この実験を行うには電源装置，電熱線，電流計，電圧計，スイッチをどのようにつなげばよいか。解答欄の図に導線をかき入れて，回路を完成させなさい。

□ ❷ ❶の回路図を，電気用図記号を使って解答欄にかきなさい。

□ ❸ 電圧計の15Vの端子に接続したとき，電圧計の針の振れは図2のようであった。電圧の大きさは何Vか。

図2

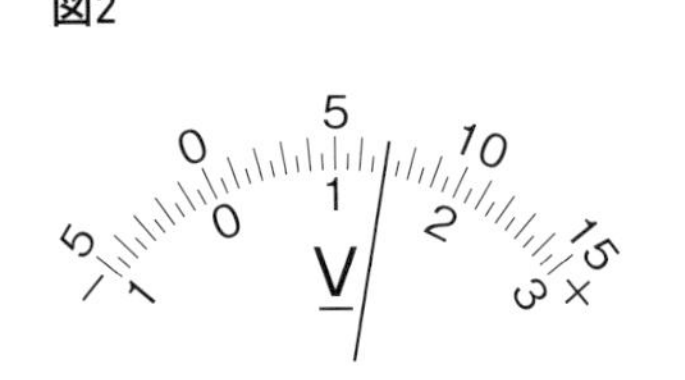

図3

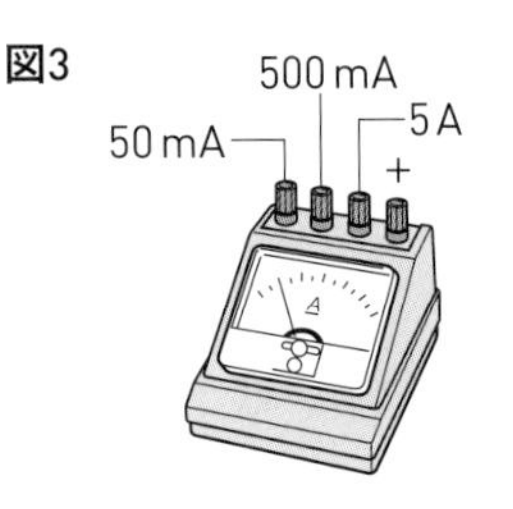

□ ❹ 図3の電流計で回路に流れる電流を測定するとき，回路に流れる電流の大きさが予想できない場合，電流計の－端子はどの端子を使えばよいか。

□ ❺ 図4のグラフは，2種類の電熱線についての測定結果をまとめたものである。電熱線A，Bで，6Vの電圧を加えたときに流れる電流の大きさはそれぞれ何mAか。

図4

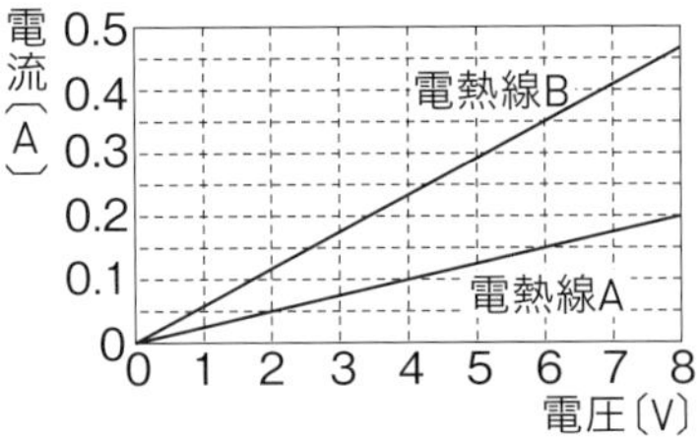

電流〔A〕 0.5 0.4 0.3 0.2 0.1 0

電熱線B

電熱線A

0 1 2 3 4 5 6 7 8
電圧〔V〕

□ ❻ 電熱線を流れる電流と電圧の関係はどのような関係だといえるか。また，このような関係を何の法則というか。

□ ❼ このグラフから，電熱線A，Bで，電流が流れにくいのはどちらか。

□ ❽ 電熱線Aの抵抗は何Ωか。

❷ 家庭で使われているオーブントースター（100V 1000W）と，電気ポット（100V 750W）について，次の各問いに答えなさい。 思

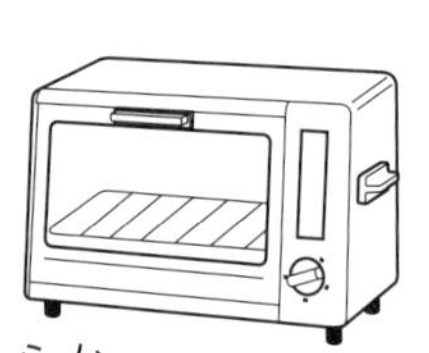

□ ❶ 1Vの電圧を加え1Aの電流を流したときの電力はいくらか。

□ ❷ 家庭のコンセントにはふつう100Vの電圧が加えられている。オーブントースターと電気ポットを家庭用のコンセントにつなぐと，それぞれ何Aの電流が流れるか。

□ ❸ オーブントースターを使ったとき，１秒間に生じる熱量は何Ｊか。

□ ❹ 消費電力が1000 Wの電気ポットを使用して，同温，同量の水を同じ温度まで加熱するとき，加熱時間は750 Wの電気ポットと比べてどのようになるか。適当なものを次の㋐～㊤の中から選び，記号で答えなさい。

㋐ 消費する電力量は同じで，加熱時間は短くなる。
㋑ 消費する電力量は同じで，加熱時間は長くなる。
㋒ 消費する電力量は大きく，加熱時間は短くなる。
㊤ 消費する電力量は大きく，加熱時間は長くなる。

❸ コイルや導線のまわりに置いた磁針のようすについて，次の㋐～㊤の中から誤りのあるものを1つ選びなさい。

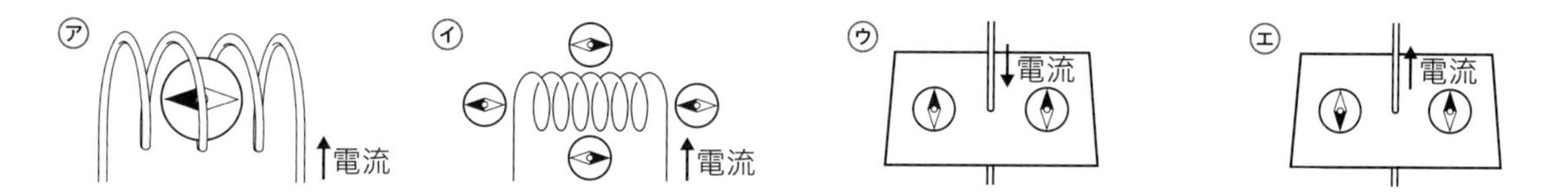

❹ 右の図のようなクルックス管の左右の電極に高い電圧を加え，放電した。次の各問いに答えなさい。

□ ❶ 電極ａ，ｂは，それぞれ＋極と－極のどちらか。

□ ❷ 電極板ｃを＋極，電極板ｄを－極にして電圧を加えると，電子線(でんしせん)はどのように変化するか。右の㋐～㊤から選びなさい。

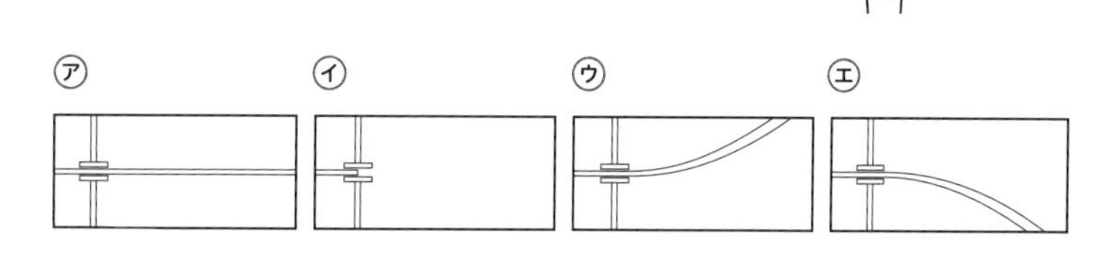

□ ❸ ❷の変化から，電子線についてどのようなことがいえるか。

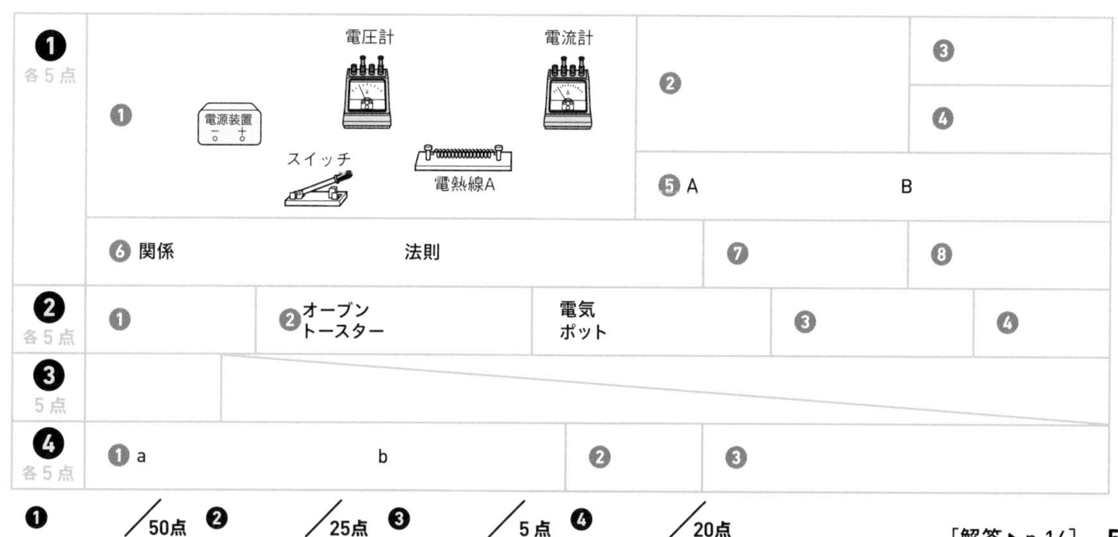

❶ 各5点	❶	❷	❸	❹
		❺ A　B		
	❻ 関係　法則	❼	❽	
❷ 各5点	❶	❷オーブントースター　電気ポット	❸	❹
❸ 5点				
❹ 各5点	❶ a　b	❷	❸	

❶ ／50点　❷ ／25点　❸ ／5点　❹ ／20点

［解答▶p.14］

Step 1 基本チェック 1章 気象観測

10分

赤シートを使って答えよう！

① 気象と私たちの生活 ▶ 教 p.236-237

□ 大気中で起こるさまざまな自然現象を［ 気象 ］（気象現象）という。

② 身近な場所の気象 ▶ 教 p.238-244, 252

□ 天気の変化に関わる，雲量，気温，湿度，気圧，風向・風速（風力），降水量などの，ある時点での大気の状態を表す要素を［ 気象要素 ］という。

□ 天気は雲量によって決まり，雲量が0と1の場合は［ 快晴 ］，2～8の場合は［ 晴れ ］，9と10の場合は［ くもり ］とする。

□ 気温は，地上およそ1.5 mの高さに乾湿計の感温部を置き，直射日光が当たらないようにして［ 乾球 ］ではかる。

□ 湿度は，乾湿計の乾球と［ 湿球 ］の示す温度の差を読みとり，湿度表を使って求める。

□ 風向は，風のふいてくる方向を［ 16 ］方位で表す。

□ 風力は，［ 風速 ］や周囲の風のふき方から，13段階の風力階級に分けることができる。

□ 晴れた日の湿度は，気温が上がると［ 下がり ］，気温が下がると［ 上がる ］。

□ 雨やくもりの日は，一般に気温，湿度とも変化が［ 小さい ］。

□ 気圧が［ 低い ］とくもりや雨になり，［ 高い ］と晴れることが多い。

降水確率は，指定された時間の間に，その地点に1mm以上の降水があるかどうかを確率で表したものだよ。

記号	天気
○	［ 快晴 ］
◐	［ 晴れ ］
◎	［ くもり ］
●	［ 雨 ］
⊗	［ 雪 ］

□ 天気記号

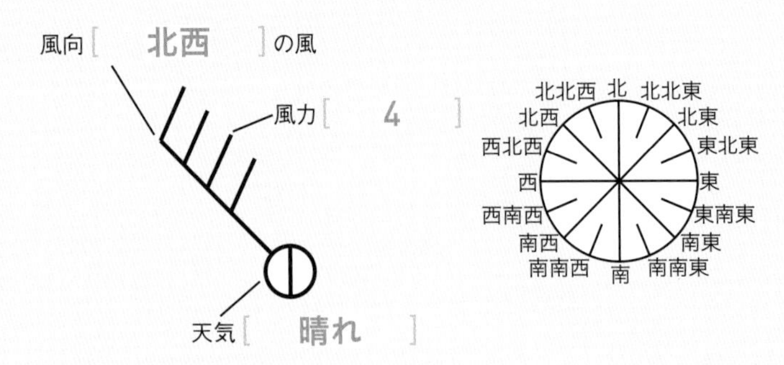

□ 風向・風力・天気

湿度表を読みとる問題は，よく出る。次ページの問題を確認しておこう。

Step 2 予想問題 1章 気象観測

【 気象要素の観測 】

❶ 気象要素の観測の方法とその結果について，次の各問いに答えなさい。

□ ❶ 気温をはかる高さとして，適切なものを次の㋐〜㋓から選び，記号で答えなさい。 (　　)

㋐ 0 m　㋑ 0.5 m　㋒ 1.5 m　㋓ 2.5 m

□ ❷ 晴れ，くもりなどの天気を決める気象要素は何か。 (　　)

□ ❸ 見通しのよい場所で空を見まわしたら，空全体の約半分が雲でおおわれていた。このとき，天気は何か。 (　　)

□ ❹ 乾湿計を用いて測定したところ，乾球は22℃，湿球は18℃であった。このときの気温は何℃か。 (　　)

□ ❺ ❹のとき，湿度は何％であったか。湿度表を用いて求めなさい。 (　　)

乾球〔℃〕	乾湿球の差〔℃〕						
	0	1	2	3	4	5	6
25	100	92	84	76	68	61	54
24	100	91	83	75	68	60	53
23	100	91	83	75	67	59	52
22	100	91	82	74	66	58	50
21	100	91	82	73	65	57	49
20	100	91	81	72	64	56	48
19	100	90	81	72	63	54	46
18	100	90	80	71	62	53	44

【 気象要素の観測 】

❷ ある日の風と天気を観測したところ，図1に示した結果になった。次の各問いに答えなさい。

□ ❶ 風力はいくらか。 (　　)

□ ❷ 風はどちらの方角から，どちらの方角へふいていたか。 (　　)

□ ❸ この日の天気は何か。 (　　)

□ ❹ 「南西の風，風力3，雲量5」と観測されたときの大気を，図2に図示しなさい。

図1

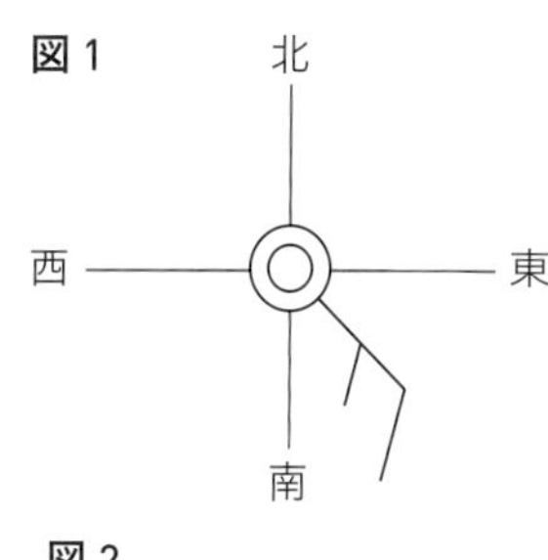

図2

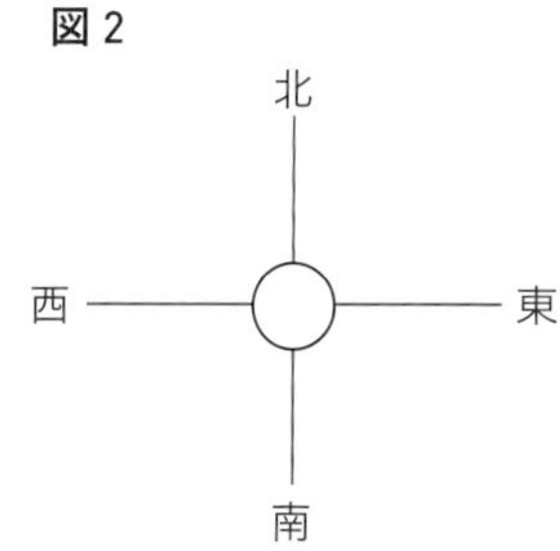

ヒント ❶❶気温をはかるときには，感温部に直射日光が当たらないようにしてはかる。

ヒント ❷風向と風力は，天気記号についた矢羽根で表す。

【天気の変わり方】

❸ 図1は，ある1日の気温と湿度(しつど)を調べた結果をまとめたものである。次の各問いに答えなさい。

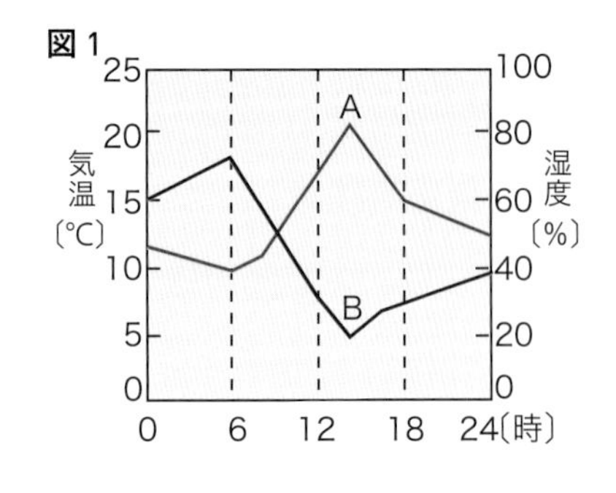

□ ❶ 気温のグラフは，A・Bのどちらか。（　　）

□ ❷ この日の天気は，晴れていたか，雨だったか。

（　　　　　　）

□ ❸ 次の文の（　）にあてはまることばを，下の㋐〜㋔から選び，記号で答えなさい。ただし，同じ言葉を何回使ってもよい。

ふつう気温は（①　　）に最高となり，（②　　）に最低になる。湿度は，気温の（③　　）い日中は（④　　）く，気温が（⑤　　）い朝方は（⑥　　）くなる。

㋐ 夜明け前　㋑ 14時ごろ　㋒ 真夜中　㋓ 低　㋔ 高

□ ❹ 図2は，気圧(きあつ)の変化とその日の天気を表したものである。天気がよいのは気圧が高いときか，低いときか。（　　　　　　）

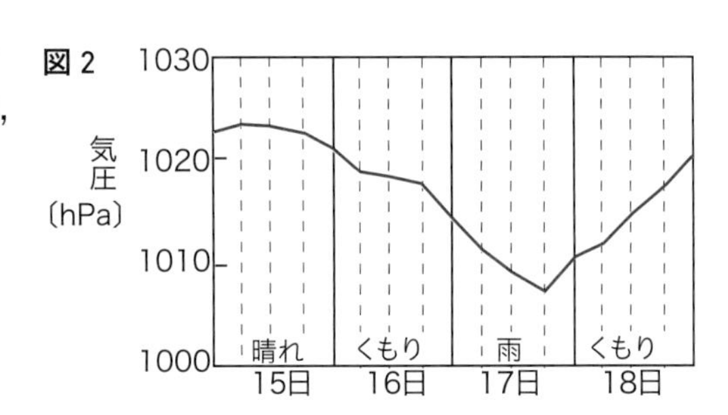

【天気の変わり方】

❹ グラフは，4月のある日の気温，湿度，気圧の変化を表したものである。次の各問いに答えなさい。

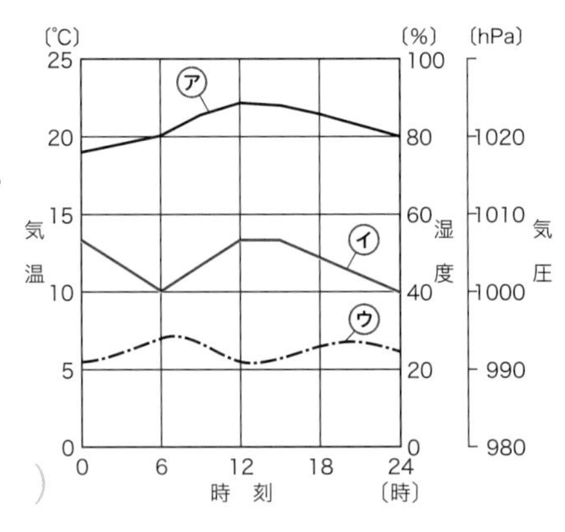

□ ❶ 右の㋐〜㋒のうち，気圧の変化を表したものはどれか。記号で答えなさい。（　　）

□ ❷ この日の天気は，晴れ，雨のどちらと考えられるか。

（　　）

□ ❸ ❷の天気と考えた理由を簡単に答えなさい。

（　　　　　　　　　　）

ヒント ❸❷雨の日は，気温，湿度ともにあまり変化しない。

ヒント ❹晴れた日の気温と湿度の変化は逆の関係にある。

［解答▶p.16］

Step 1 基本チェック　2章 気圧と風

10分

赤シートを使って答えよう！

❶ 気圧とは何か

▶ 教 p.246-251

- □ 地球をとりまく気体を［ 大気 ］といい，その中で地表面に近い部分を一般に空気という。
- □ 単位面積（1 m²など）当たりに［ 垂直 ］に加わる力の大きさを［ 圧力 ］という。
- □ 圧力の単位は，［ パスカル ］(記号Pa）である。
- □ 1 m²の面に1 Nの力が加わるときの圧力は［ 1 ］Paである。
- □ 圧力の大きさは，圧力〔Pa〕＝ 面に垂直に加わる力〔［ N ］〕／力が加わる［ 面積 ］〔m²〕で求めることができる。
- □ 空気に押されることで生じる圧力を［ 気圧（大気圧） ］という。
- □ 気圧は1013 hPaが標準の気圧と決められており，これを［ 1気圧 ］という。

❷ 気圧配置と風

▶ 教 p.252-255

- □ まわりよりも中心の気圧が高いところを［ 高気圧 ］，まわりよりも中心の気圧が低いところを［ 低気圧 ］という。
- □ 各地の気圧の値の等しいところを結んだ曲線を［ 等圧線 ］という。
- □ 観測された気象要素を図記号を使って地図上に記入したものを［ 天気図 ］という。
- □ 空気が上昇する流れを［ 上昇気流 ］，下降する流れを［ 下降気流 ］という。
- □ 低気圧の中心部は［ 上昇気流 ］となり，雲ができやすく，くもりや雨になる。
- □ 高気圧の中心付近では［ 下降気流 ］となり，雲ができにくく晴れることが多い。

［ 高 ］気圧
まわりよりも気圧が高い。

［ 下降 ］気流が発生し，風がふき出す。

［ 低 ］気圧
まわりよりも気圧が低い。

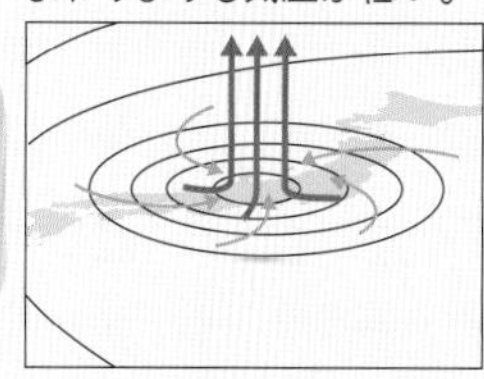

［ 上昇 ］気流が発生し，風がふきこむ。

□ 高気圧と低気圧

風は，高気圧の中心から時計回りにふき出し，低気圧の中心に反時計回りにふきこむよ。

テストに出る　天気図から気圧を読みとる問題がよく出る。次のページの問題で確認しよう。

Step 2 予想問題 2章 気圧と風

20分（1ページ10分）

【圧力】

❶ 図のような600 gの物体がある。この物体を，A，B，Cの各面が机と接するように置き，それぞれの場合に机にかかる圧力(あつりょく)を調べた。次の各問いに答えなさい。ただし，100 gの物体にはたらく重力の大きさを1 Nとする。

6cm
4cm
5cm
A B C

□ ❶ 机にかかる圧力がいちばん大きいのは，A～Cのどの面を机に接するように置いたときか。（　　）

□ ❷ 机にかかる圧力がいちばん小さいのは，A～Cのどの面を机に接するように置いたときか。（　　）

□ ❸ ❷のとき，机が受ける圧力は何Paか。（　　）

□ ❹ 力がはたらく面積が小さいほど，圧力はどうなるか。（　　）

【圧力】

❷ 表のような3つの直方体A，B，Cがある。これらを表に示した向きを変えずに，図1の①～③のように重ね，スポンジの上にのせた。次の各問いに答えなさい。ただし，100 gの物体にはたらく重力の大きさを1 Nとする。

直方体	A	B	C
底面積〔m^2〕	0.002	0.004	0.006
質　量〔g〕	300	600	900

□ ❶ ①，②のとき，スポンジにはたらく圧力はどちらが大きいか。それとも同じか。（　　）

□ ❷ ③のように重ねた場合，スポンジにはたらく圧力は何Paか。（　　）

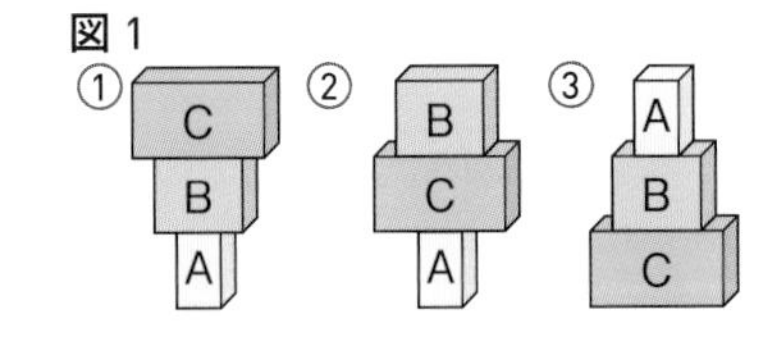

□ ❸ 図2のように紙コップを水平な床の上に並べ，その上に板を置いて人がのった。紙コップが3個のときはつぶれたが，9個ではつぶれなかった。これはなぜか。

（　　）

ヒント ❶力が同じなら，力がはたらく面積が小さいほど圧力は大きくなる。

ヒント ❷加わる力は，物体の形には関係しない。

［解答▶p.16］

【 天気図と気圧配置 】

❸ 図は，ある日の日本の各地の気圧と気圧配置を表したものである。次の問いに答えなさい。

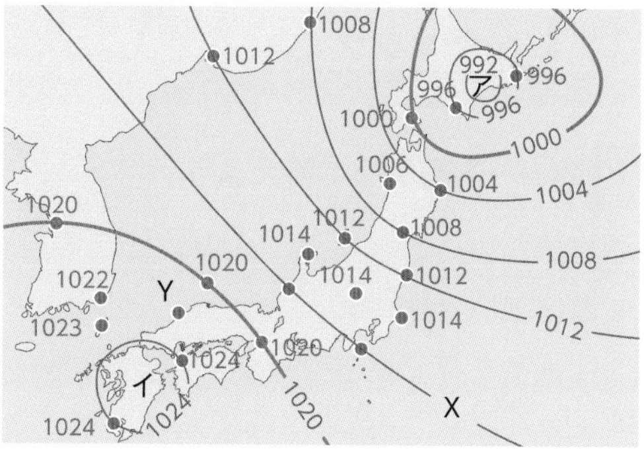

□ ❶ 気圧の値の等しいところを結んだ曲線を何というか。（　　　）

□ ❷ Xにあてはまる値を答えなさい。（　　　）

□ ❸ 図で示された値の単位を答えなさい。（　　　）

□ ❹ 低気圧はア，イのどちらか。（　　　）

□ ❺ Yの地点の風向はどのようになっていると考えられるか。次の㋐〜㋓から選びなさい。（　　　）

㋐ 北東　㋑ 北西　㋒ 南西　㋓ 南東

【 天気図と空気の流れ 】

❹ 図は，ある日の日本付近の天気図である。次の問いに答えなさい。

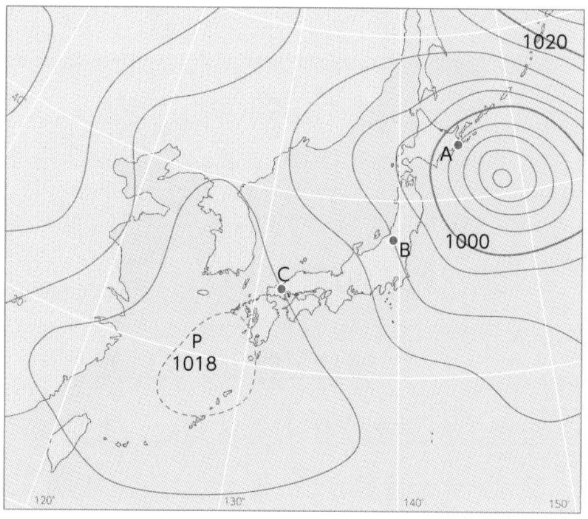

□ ❶ 等圧線は，何hPaごとに引かれているか。（　　　）

□ ❷ A〜Cの地点の気圧はそれぞれ何hPaか。

A：（　　　）　B：（　　　）

C：（　　　）

□ ❸ A〜Cの地点で，風がもっとも強いと考えられるのはどこか。（　　　）

□ ❹ 図のPについて述べた次の文の①，②にあてはまる言葉をそれぞれ選びなさい。

図のPのように，まわりよりも気圧が①（㋐ 高い　㋑ 低い）ところを，②（㋒ 高気圧　㋓ 低気圧）という。　①：（　　　）　②：（　　　）

□ ❺ ❹でみられる空気の流れを何気流というか。（　　　）

ヒント ❸❹中心の気圧が，まわりよりも高いか，低いかで判断する。

ヒント ❹❸等圧線の間隔が狭いほど，風は強いと考えられる。

単元4

Step 1 基本チェック 3章 天気の変化①

10分

赤シートを使って答えよう！

❶ 空気中の水蒸気の変化

▶ 教 p.256-266

□ 水蒸気を含んだ空気が冷え，凝結が始まり水滴（露）ができ始める温度をその空気の［露点］という。

□ 水蒸気を最大限まで含んでいる（水蒸気で飽和している）空気の水蒸気の量を［飽和水蒸気量］という。

□ 空気中に含まれている水蒸気の量をそのときの気温の飽和水蒸気量に対する百分率で表したものを［湿度（相対湿度）］といい，次の式で求められる。

$$湿度〔\%〕= \frac{空気1\ m^3中に含まれている［水蒸気］の量〔g〕}{その気温での空気1\ m^3中の［飽和水蒸気量］〔g〕} \times 100$$

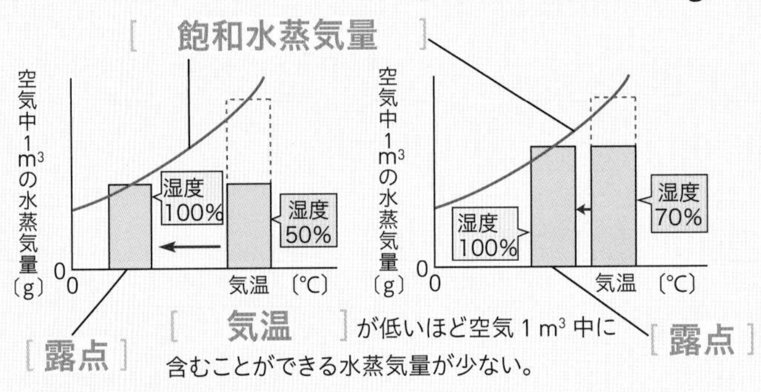

□ 湿度と飽和水蒸気量

□ 空気のかたまりが上昇すると，上空に行くほど周囲の気圧が［低く］なり，膨張して温度が［下がり］，水蒸気が細かい水滴や氷の粒になって，［雲］ができる。地上付近にできた雲を［霧］という。

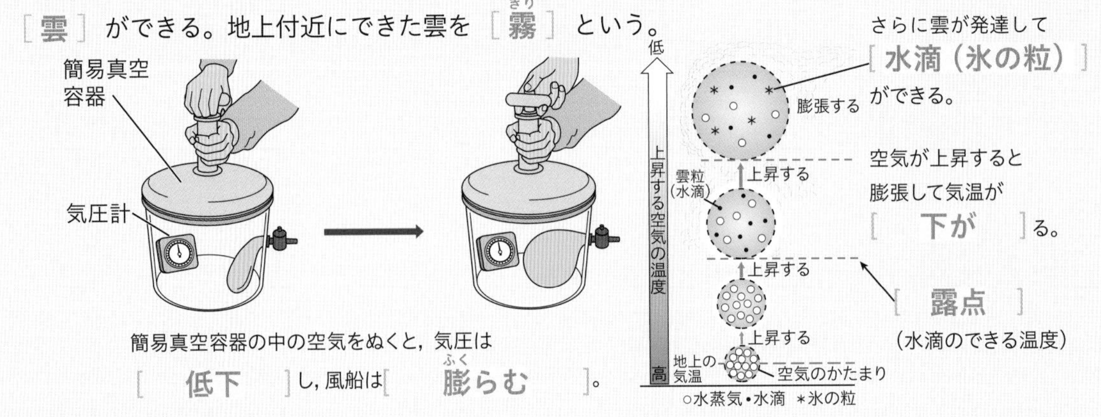

□ 気圧と体積の関係

□ 雲のでき方

飽和水蒸気量や露点がよく問われる。次のページで確認しよう。

Step 2 予想問題 3章 天気の変化①

30分（1ページ10分）

【空気中の水蒸気】

❶ 図のように，中が乾いたペットボトルにふたをして氷水の中に入れて冷やしたところ，内側が水滴でくもった。次の各問いに答えなさい。

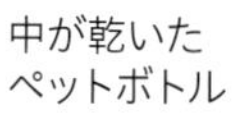

□ ❶ このように，水蒸気が水滴になることを何というか。

（　　　　　）

□ ❷ ❶のときの温度を，その空気の何というか。（　　　　　）

□ ❸ たくさんの水蒸気を含んでいる空気では，❷の温度は高いか，低いか。

（　　　　　）

【空気中に含まれる水蒸気の量】

❷ 室温20 ℃の部屋で，くみ置きの水を金属製のコップに入れた。図のように，氷を入れた試験管を動かして水温を平均して下げていったところ，水温が10 ℃になったときに，コップの表面に水滴がつき，くもり始めた。次の各問いに答えなさい。

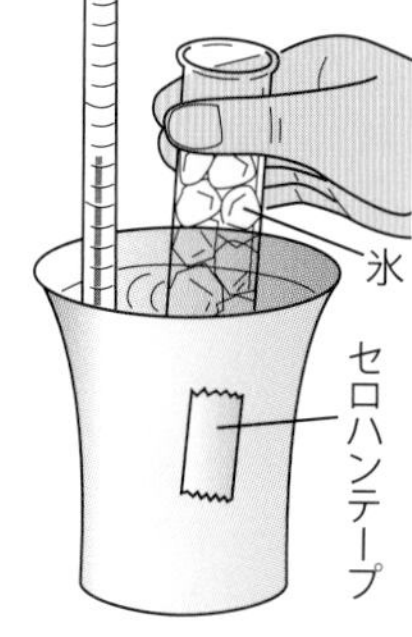

□ ❶ この部屋の空気の露点は何℃か。（　　　　　）

□ ❷ この部屋の空気は，1 m³に何gの水蒸気を含んでいるか。右の表を用いて答えなさい。（　　　　　）

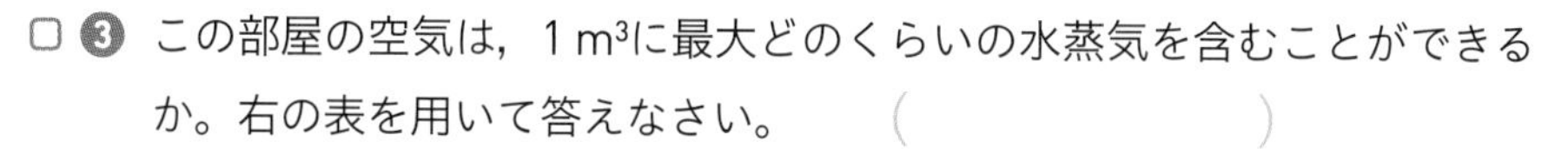

□ ❸ この部屋の空気は，1 m³に最大どのくらいの水蒸気を含むことができるか。右の表を用いて答えなさい。（　　　　　）

気温〔℃〕	飽和水蒸気量〔g/m³〕
10	9.4
15	12.8
20	17.3
25	23.1
30	30.4

□ ❹ この部屋の空気の湿度は何％か。小数第１位まで求めなさい。

（　　　　　）

□ ❺ この部屋の空気を袋に入れて，しっかり口をしばり，冷蔵庫で冷やすと，袋の内側がくもった。袋の中の空気の湿度は何％か。

（　　　　　）

ヒント ❶空気が冷えてある温度以下になると，空気中の水蒸気が水滴に変わり始める。

ヒント ❷❶コップの表面が10 ℃に冷やされると，凝結が始まる。

［解答▶p.17］

【 気温と飽和水蒸気量の関係 】

❸ 気温30 ℃で，1 m³に17.3 gの水蒸気を含んでいる空気がある。次の各問いに答えなさい。

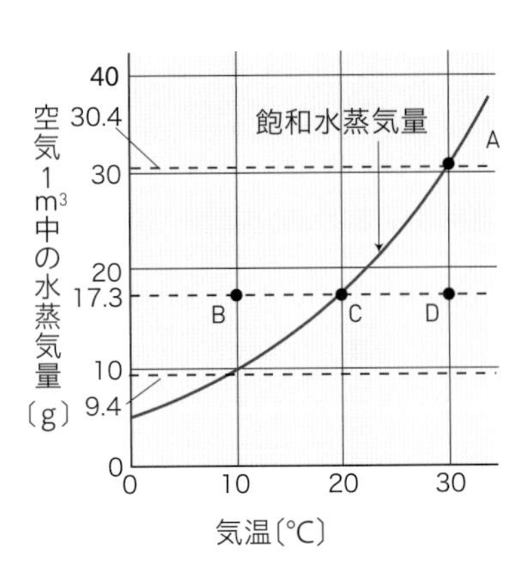

□ ❶ この空気の状態はグラフではA～Dのどの点で表されるか。（　　　）

□ ❷ この空気の露点は何℃か。（　　　）

□ ❸ この空気の湿度は何％か。小数第１位まで求めなさい。（　　　　　）

□ ❹ この空気の温度を10 ℃まで下げたとき，1 m³あたり何gの水滴ができるか。（　　　　）

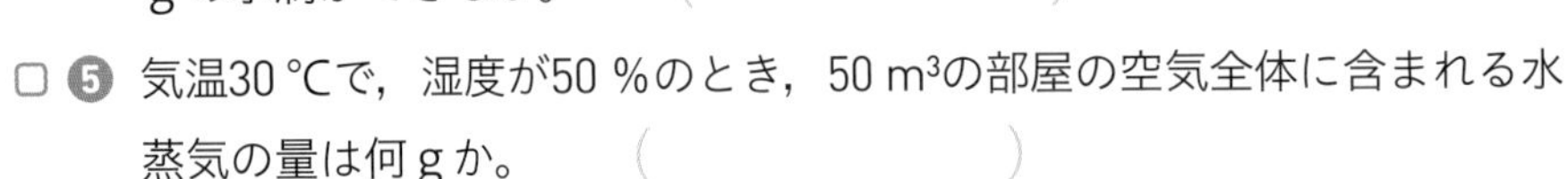

□ ❺ 気温30 ℃で，湿度が50 ％のとき，50 m³の部屋の空気全体に含まれる水蒸気の量は何gか。（　　　　）

【 気温と飽和水蒸気量の関係 】

❹ 右の表で，Aは気温30 ℃で20 g/m³の水蒸気を含む空気，Bは気温20 ℃で10 g/m³の水蒸気を含む空気を表している。それぞれの気温に対する飽和水蒸気量を表す右下の表をもとに，次の各問いに答えなさい。

	気　温	1 m³中の水蒸気の量
A	30 ℃	20 g
B	20 ℃	10 g

気温〔℃〕	飽和水蒸気量〔g/m³〕	気温〔℃〕	飽和水蒸気量〔g/m³〕
0	4.8	16	13.6
2	5.6	18	15.4
4	6.4	20	17.3
6	7.3	22	19.4
8	8.3	24	21.8
10	9.4	26	24.4
12	10.7	28	27.2
14	12.1	30	30.4

□ ❶ Aの空気の湿度は約何％か。次の㋐～㋓から選び，記号で答えなさい。（　　　）

㋐ 約80 ％　㋑ 約66 ％
㋒ 約50 ％　㋓ 約33 ％

□ ❷ Aの空気を冷やしていくとき，約何℃になると水滴ができるか。次の㋐～㋓から選び，記号で答えなさい。（　　　）

㋐ 約26 ℃　㋑ 約23 ℃
㋒ 約20 ℃　㋓ 約17 ℃

□ ❸ 空気Aと空気Bでは，どちらの空気の湿度が高いか。（　　　　）

□ ❹ 空気B 1 m³を0 ℃まで冷やすと，約何gの水滴ができるか。（　　　　）

ヒント ❸❸30 ℃の空気の飽和水蒸気量は，30.4 g/m³である。

ヒント ❹❷飽和水蒸気量が20 g/m³のときの気温を読みとる。

[解答▶p.17]

【雲ができるようす】

❺ 図のような装置をつくり，雲のでき方を調べる実験をした。フラスコは内側を水でぬらし，中には膨らませた風船と線香の煙を少し入れた。次の各問いに答えなさい。

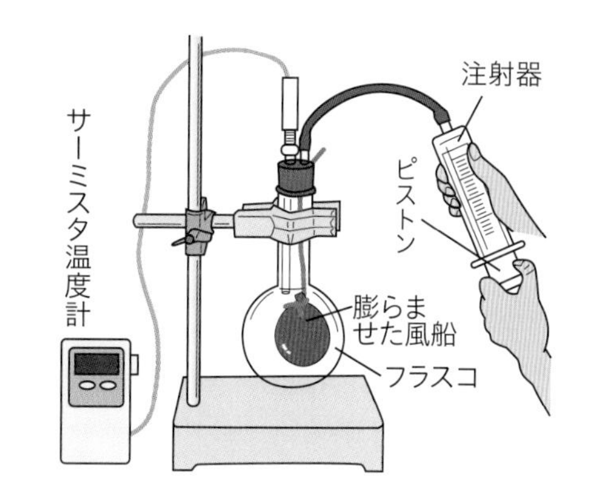

□ ❶ 注射器のピストンを強く引くと，風船が急に膨らんだ。このときフラスコ内の空気は膨張したか，圧縮されたか。（　　　　　）

□ ❷ ❶のとき，フラスコ内の温度は上がるか，下がるか。

（　　　　　）

□ ❸ ❶のとき，フラスコ内が白くくもった。これはフラスコ内の空気に含まれている水蒸気が何に変化したためか。（　　　　　）

□ ❹ ❶のあとに注射器のピストンを強くおすと，フラスコ内のようすはどうなるか。（　　　　　）

□ ❺ 線香の煙を入れないでピストンを強く引くと，入れたときに比べて，フラスコ内のくもり方はどうなるか。

（　　　　　　　　　　　　　　　　）

【雲のでき方】

❻ 雲について，次の各問いに答えなさい。

□ ❶ 雲をつくる気流は，上昇気流か，下降気流か。（　　　　　）

□ ❷ 上空に行くほど気圧は高くなるか，低くなるか。（　　　　　）

□ ❸ 雲は，どんなものが集まってできたものか。

（　　　　　　　　　）

□ ❹ 下の㋐〜㋒は，雲のようすを表したもので，・は水滴を，⊙は氷の粒を表している。正しいものを１つ選び，記号で答えなさい。（　　　　　）

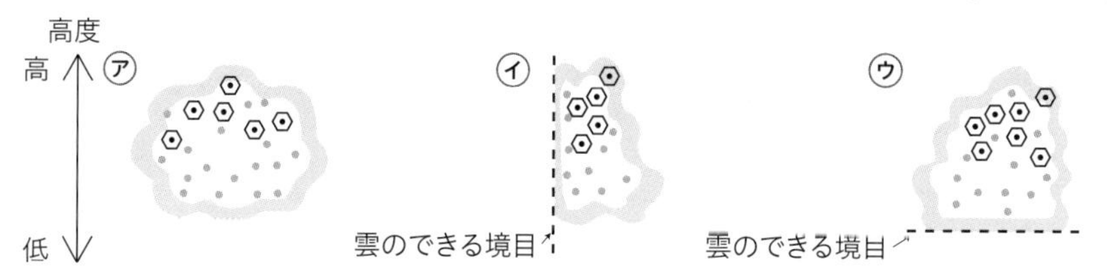

ヒント ❺❺線香の煙は，凝結核（水蒸気が凝結するときの芯）になる。

ヒント ❻雲は，地表が強く熱せられたり，山の斜面に沿って空気が上昇するときにできる。

［解答▶p.17］

Step 1 基本チェック　3章 天気の変化②

10分

赤シートを使って答えよう！

❷ 前線と天気の変化

▶ 教 p.267-273

- □ 気温・湿度がほぼ一様な空気のかたまりを［気団（きだん）］といい，このうち冷たい空気をもつものを［寒気団（かんきだん）］，あたたかい空気をもつものを［暖気団（だんきだん）］という。
- □ 性質の異なる気団の境の面を［前線面（ぜんせんめん）］といい，その面が地表面と交わるところを［前線（ぜんせん）］という。
- □ ほとんど動かずに停滞（ていたい）する前線を［停滞前線（ていたいぜんせん）］という。
  前線上は［低気圧（ていきあつ）］が発生しやすく，その中心から進む方向の前方に［温暖前線（おんだんぜんせん）］が，後方に［寒冷前線（かんれいぜんせん）］ができる。
- □ 寒冷前線は，寒気が暖気をもち上げるため，上にのびる［雲］が発達し，［雨］が短い時間降る。寒冷前線の通過後は，風向は南寄りから［西］または［北］寄りに急変し，気温は［下］がる。
- □ 温暖前線は，暖気が寒気の上にはい上がっていくため，雲ができる範囲（はんい）は［広］く，雨は広い範囲で長く降る。温暖前線の通過後は暖気に入り，気温は［上］がる。
- □ 寒冷前線が温暖前線に追いついた状態の前線を［閉塞前線（へいそくぜんせん）］という。
- □ 日本の上空にふく西風を［偏西風（へんせいふう）］という。

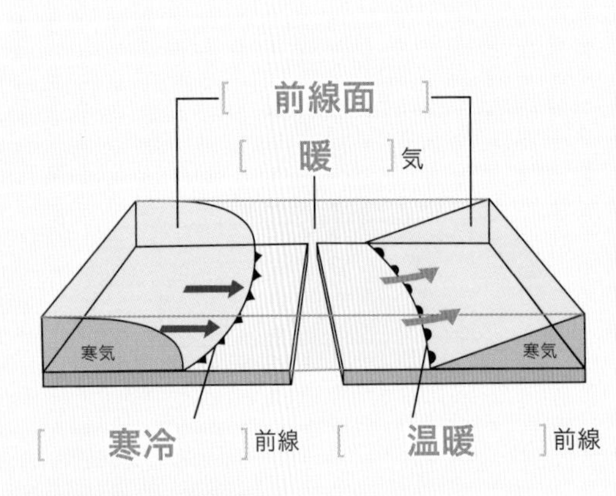

□ 前線面と前線

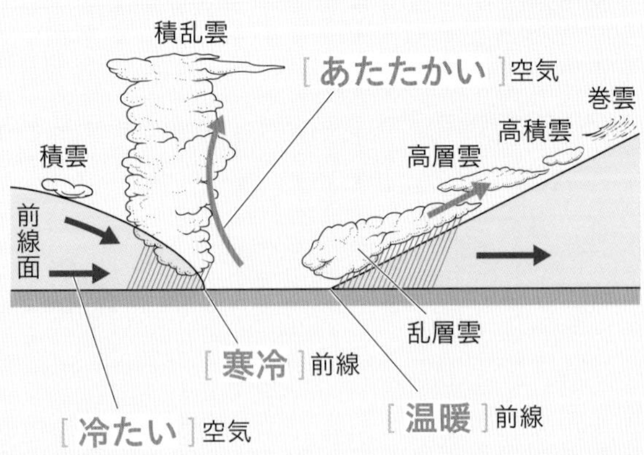

□ 前線と雲のでき方

テスト に出る　前線にともなう空気の流れができる。図を見て整理しておこう。

Step 2 予想問題 3章 天気の変化②

10分（1ページ10分）

【天気図】

❶ 右の図は，日本付近の天気図の一部を示したものである。次の各問いに答えなさい。

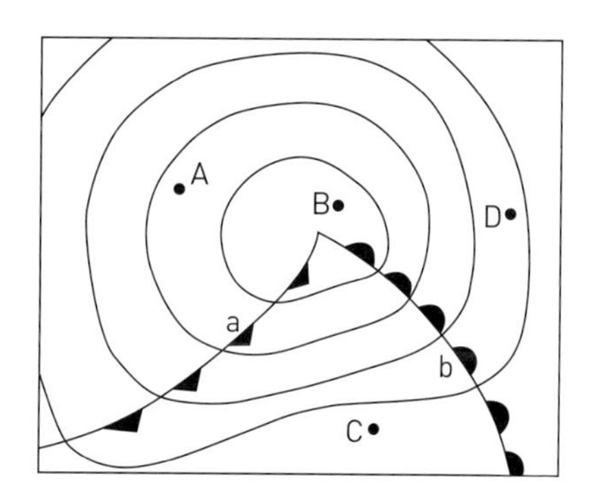

□ ❶ 右の図は高気圧，低気圧のどちらか。

（　　　　）

□ ❷ 図のa，bの前線名を書きなさい。

a（　　　　　　）　b（　　　　　　）

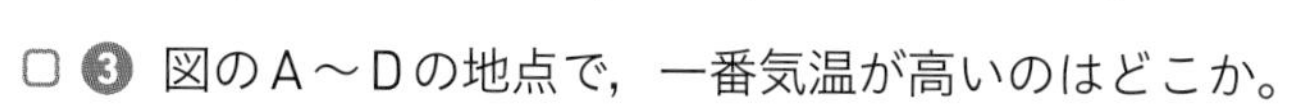

□ ❸ 図のA～Dの地点で，一番気温が高いのはどこか。

（　　　）

□ ❹ 図のB点における空気の流れを示したものは，右の図の㋐・㋑のどちらか。（　　）

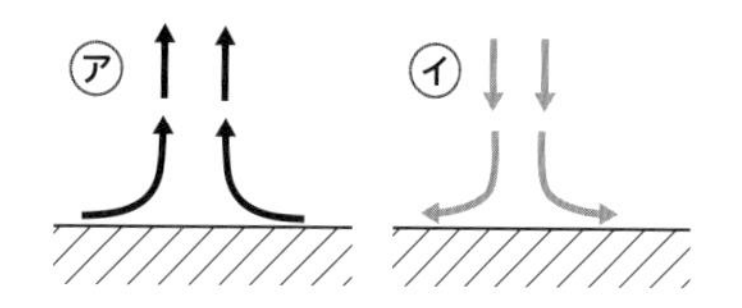

【天気の変化】

❷ 下の図A～Cは，午前9時の3日間連続した日本付近の天気図を順に並べたものである。また下のグラフは，東京におけるそのうちの1日の天気変化を表したものである。次の各問いに答えなさい。

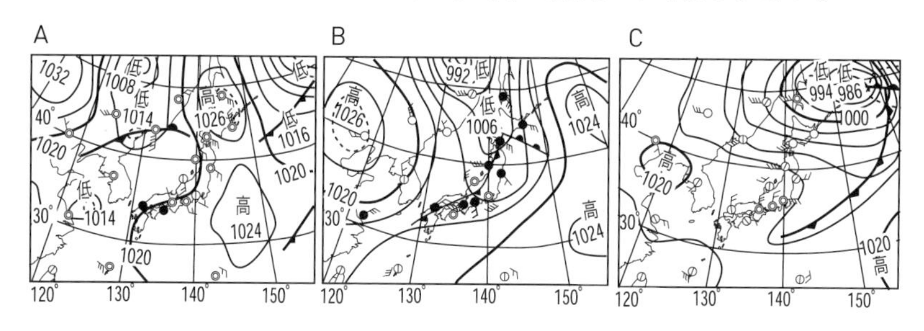

□ ❶ グラフに示した日の天気図はA～Cのどれか。

（　　　）

□ ❷ 次の文章の（　）にあてはまる言葉を入れなさい。

グラフより，（①　　　　）前線が東京を通過したのは，およそ（②　　　　）時ごろだったことがわかる。

□ ❸ 図Cの後，日本は全国的に天気がよくなるか，悪くなるか。（　　　　）

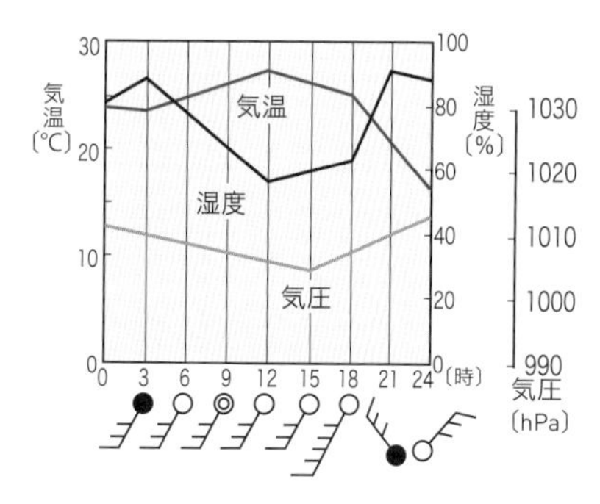

💡ヒント ❶❷温暖前線は低気圧の前方に，寒冷前線は低気圧の後方にできる。

💡ヒント ❷❸大陸上の高気圧が日本付近にくると考えられる。

［解答▶p.18］

Step 1 基本チェック

4章 日本の気象

10分

赤シートを使って答えよう！

❶ 日本の気象の特徴

▶ 教 p.274-277

□ 日本付近では，季節により特有な［季節風］という風がふき，夏は主に南東の風，冬は主に北西の風がふく。

□ 日本の気象は，冬には［シベリア］気団，夏には［小笠原］気団，初夏や秋には［オホーツク海］気団の影響を受ける。

❷ 日本の四季

▶ 教 p.278-281

□ 5月中旬から7月下旬にかけて，北海道を除く日本列島付近は［つゆ（梅雨）］に入り，長雨となる。

□ 冬には，［西高東低］の気圧配置となり，日本海側では大量の［雪］が降る一方，太平洋側では水分をほとんどなくした風がふき，乾いた［晴天］の日が続く。

□ 高温・多湿の熱帯の海上で発生した熱帯低気圧のうち，最大風速が毎秒17.2 m以上になったものを［台風］という。

［シベリア］気団

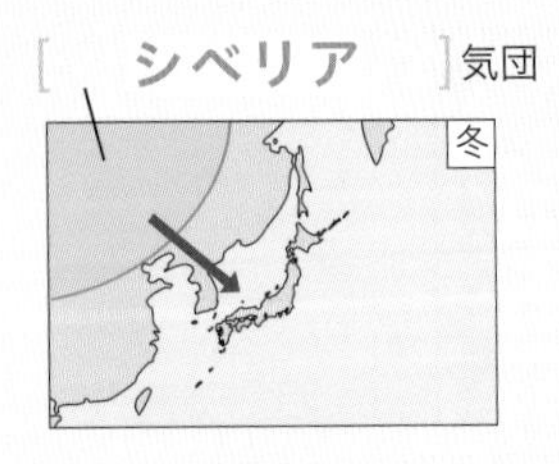

冬は，冷たく乾燥した［シベリア］気団が発達する。

［オホーツク海］気団

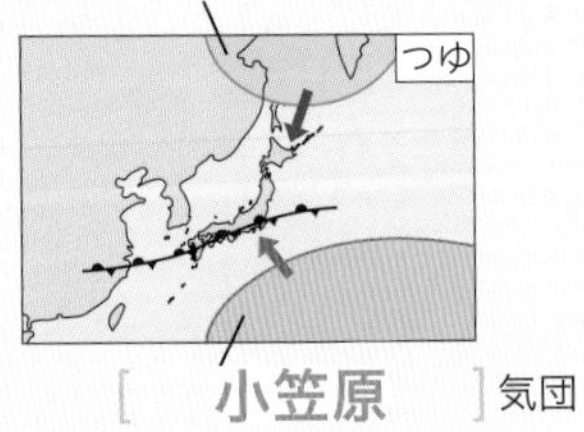

［小笠原］気団

つゆ(梅雨)は，冷たい気団とあたたかい気団が発達し，［停滞（梅雨）］前線ができる。

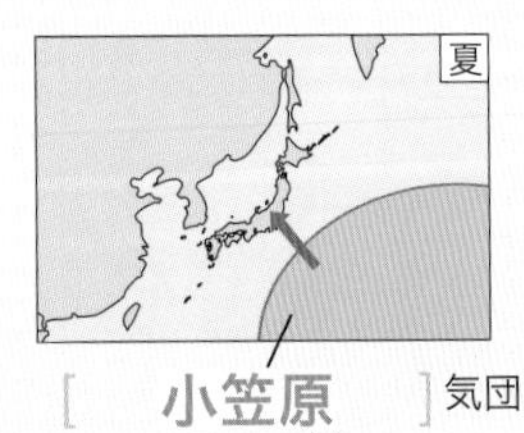

［小笠原］気団

夏は，あたたかく湿った［小笠原］気団が発達する。

□ **日本の冬・つゆ・夏の気団**

❸ 自然の恵みと気象災害

▶ 教 p.283-286

□ 水を循環させたり，大気を動かしているエネルギーは，［太陽］のエネルギーである。

それぞれの季節に影響する気団はよく問われる。図で位置関係も確認しよう。

Step 2 予想問題　4章 日本の気象

【日本周辺の気団と季節の特徴】

❶ 図は，日本周辺の3つの気団を表したものである。次の問いに答えなさい。

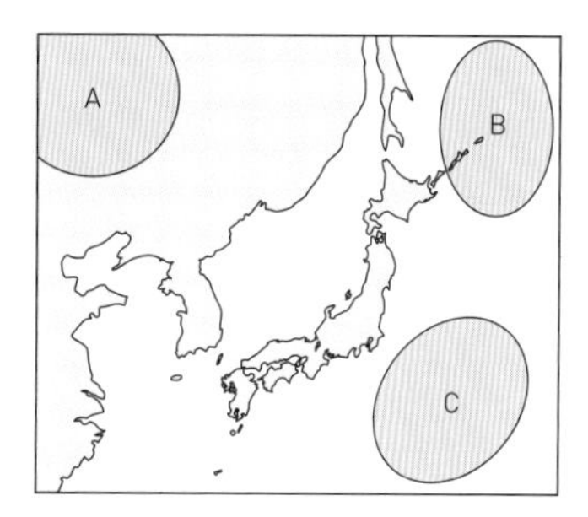

□ ❶ A～Cの気団の名称を書きなさい。

A：（　　　　　　）　B：（　　　　　　）

C：（　　　　　　）

□ ❷ A～Cの気団のうち，寒冷で乾燥した気団はどれか。

（　　　）

□ ❸ A～Cの気団のうち，温暖で湿潤な気団はどれか。（　　　）

□ ❹ 次の①，②の季節の天気の特徴について述べた各文は，A～Cのどの気団の影響によるものか。それぞれ記号で答えなさい。

① 気圧配置は西の大陸で高く，東の太平洋で低くなり，日本海側では大量の雪が降るが，太平洋側では乾燥した晴天の日が続く。

（　　　）

② 南東の季節風がふき，高温で湿度が高く，蒸し暑い晴天の日が続くことが多い。（　　　）

冬の気圧配置は，西高東低だったね。前線のようすにも着目しよう。

【日本の四季】

❷ 次のA～Cは，それぞれ異なる時期の日本付近の天気図である。それぞれの時期を，春・つゆ・冬から選び書きなさい。

A

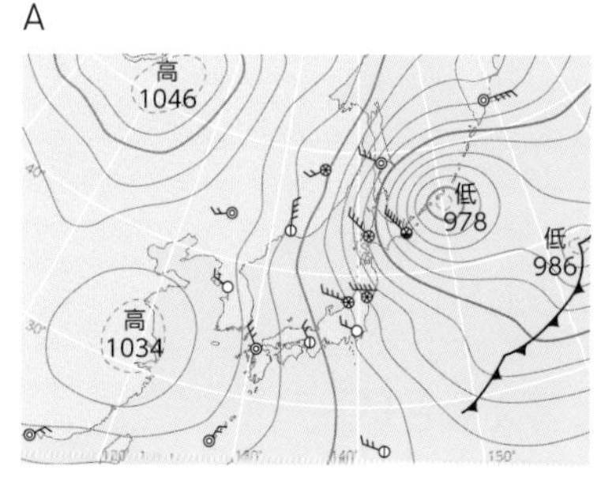

B

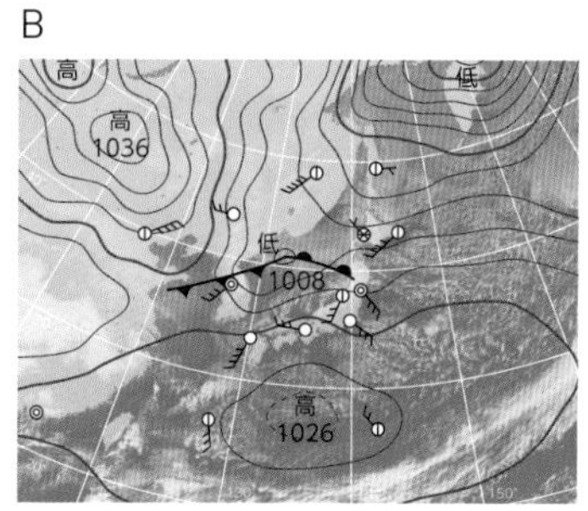

C

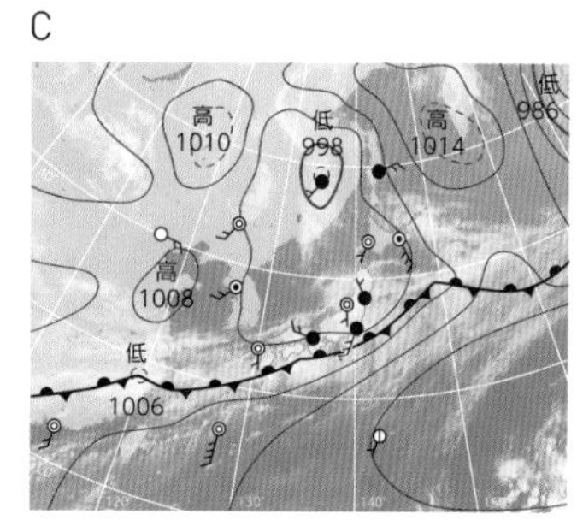

A：（　　　　）　B：（　　　　）　C：（　　　　）

ヒント　❶❷❸海上の気団は多湿で，大陸上の気団は乾燥している。

ヒント　❷等圧線のようすや，前線に注目して考える。

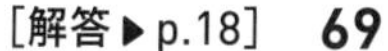

Step 3 予想テスト

単元4　気象のしくみと天気の変化

30分　／100点　目標 70点

❶ 図は，気温と1 m³の空気に含むことのできる最大の水蒸気の量の関係を表したものである。次の問いに答えなさい。ただし，現在の空気1 m³には12.8 gの水蒸気が含まれているものとする。 技

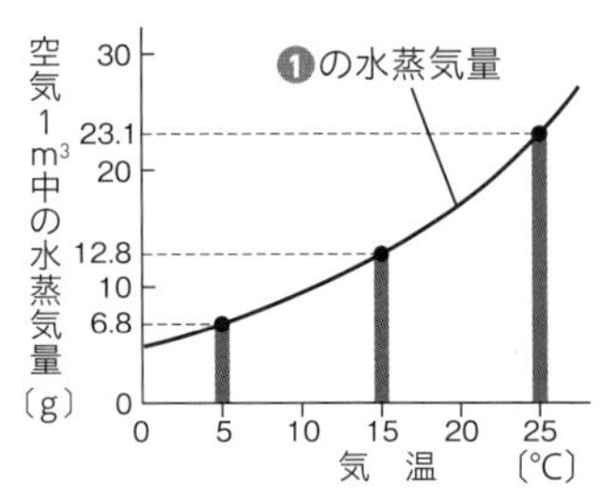

□ ❶ 空気1 m³に含むことができる最大の水蒸気の量を何というか。

□ ❷ 気温が25 ℃のときの湿度を求めなさい。ただし，小数第1位を四捨五入して整数で答えなさい。

□ ❸ 気温が25 ℃の空気1 m³は，さらに何 g の水蒸気を含むことができるか。

□ ❹ 気温が25 ℃の空気を冷やしていくと，何℃のとき露点に達するか。

点UP □ ❺ ❹からさらに空気を5 ℃まで冷やしたとき，空気1 m³あたり何 g の水滴ができるか。

❷ 図は，ある日の天気図に見られた低気圧と前線である。次の問いに答えなさい。

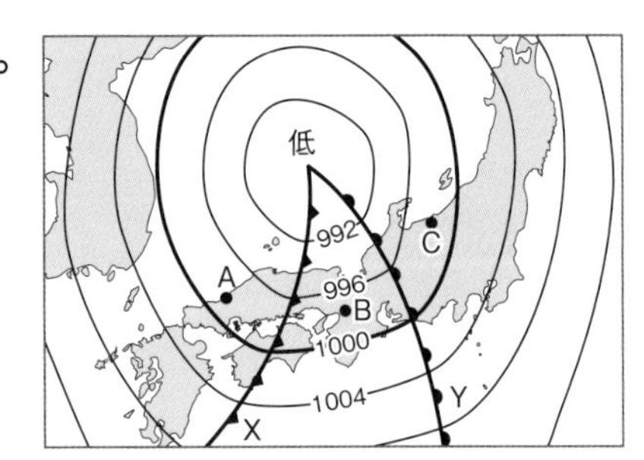

□ ❶ 低気圧とはどのようなところをいうか。

□ ❷ X，Yの前線をそれぞれ何というか。

□ ❸ 前線面にゆるやかな上昇気流が生じ，層状の雲ができるのは，X，Yの前線のどちらか。

□ ❹ 図のA～Cの各地点で，暖気におおわれているところを選び，記号で答えなさい。

□ ❺ B地点の風向として考えられるものを，次の㋐～㋓から選び，記号で答えなさい。
㋐ 南東　㋑ 南西　㋒ 北東　㋓ 北西

□ ❻ 図の低気圧はおよそどの方位からどの方位に移動するか。次の㋐～㋓から選び，記号で答えなさい。
㋐ 西から東　㋑ 東から西　㋒ 北から南　㋓ 南から北

❸ A～Cの図は，日本の各季節の天気図である。次の問いに答えなさい。

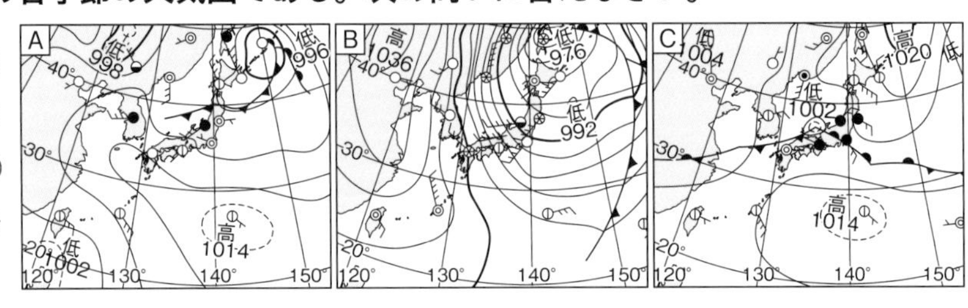

□ ❶ A～Cのような天気図が見られる季節はいつごろか。次の㋐～㋓から選び，記号で答えなさい。
㋐ 春・秋　㋑ つゆ（梅雨）　㋒ 夏　㋓ 冬

　成績評価の観点　技…観察・実験の技能　思…科学的な思考・判断・表現

□ ❷ A～Cのような天気図のとき，日本付近ではどのような天気が続くか。次の㋐～㋓から選び，記号で答えなさい。

㋐ 蒸し暑い日が続く。　㋑ 雨やくもりの日が続くようになる。

㋒ 日本海側では雪になる。　㋓ 天気が短い周期で変わる。

□ ❸ Bの天気図では，低気圧が東にあり，西に高気圧がある。この気圧配置を何というか。

□ ❹ Cの天気図で，日本付近に見られる前線を何というか。

❹ 図は，24時間ごとの連続した天気図である。次の問いに答えなさい。 思

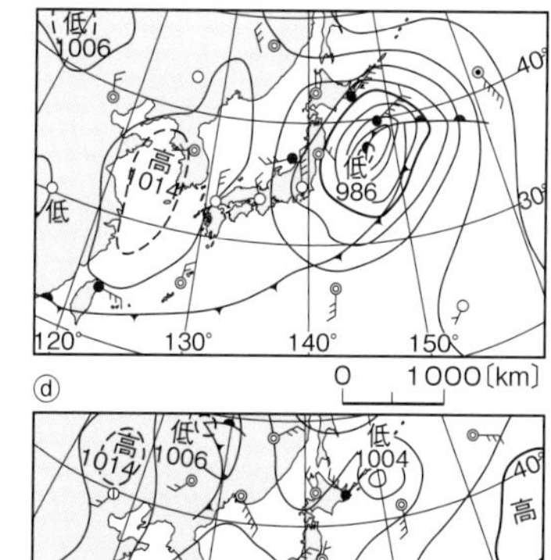
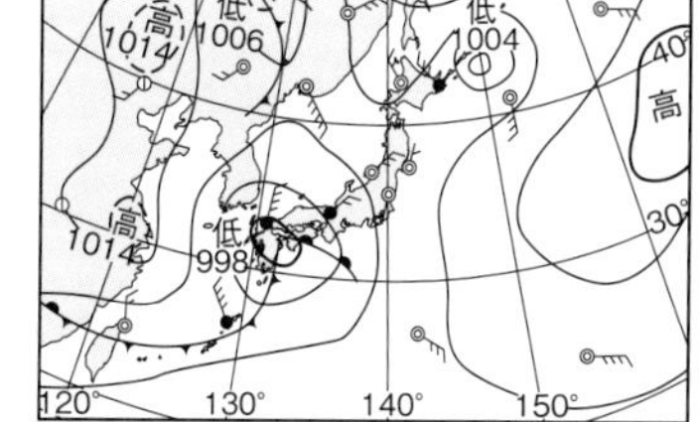

□ ❶ ⓐの天気図は，５月３日のものである。５月４日，５日，６日の順に天気図を並べなさい。

□ ❷ 低気圧は，どの方角からどの方角に移動しているか。

点UP □ ❸ 低気圧は，１日にどれくらいの距離を移動しているか。次の㋐～㋒から選び，記号で答えなさい。

㋐ 300 km　㋑ 1000 km　㋒ 2000 km

□ ❹ 24時間後の大阪の天気を知るには，今の時点で，どこの天気を見ればよいか。次の㋐～㋓から選び，記号で答えなさい。

㋐ 上海付近　㋑ 東京付近　㋒ ソウル付近　㋓ 北京付近

□ ❺ ⓓの天気図で，東経120°北緯30°付近にある高気圧について正しく説明してあるものを次の㋐～㋔からすべて選び，記号で答えなさい。

㋐ この高気圧は移動性である。　㋑ 東から西に移動している。

㋒ 大規模(だいきぼ)な高気圧で，ほとんど動かない。　㋓ 発達すると前線をもつ。

㋔ この高気圧におおわれると，夜間に冷えこむことがある。

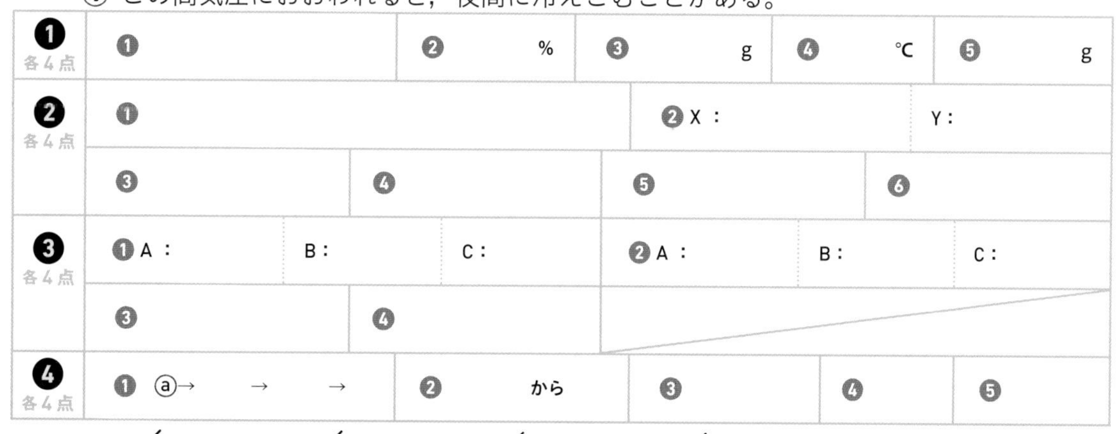

❶ 各4点	❶	❷ %	❸ g	❹ ℃	❺ g	
❷ 各4点	❶	❷ X：	Y：			
	❸	❹	❺	❻		
❸ 各4点	❶ A：	B：	C：	❷ A：	B：	C：
	❸	❹				
❹ 各4点	❶ ⓐ→　→　→	❷ から	❸	❹	❺	

❶ ／20点　❷ ／28点　❸ ／32点　❹ ／20点

［解答▶p.19］

① まずはテストの目標をたてよう。頑張ったら達成できそうなちょっと上のレベルを目指そう。
② 次にやることを書こう（「ズバリ英語○ページ，数学○ページ」など）。
③ やり終えたら▢に✓を入れよう。
最初に完ぺきな計画をたてる必要はなく，まずは数日分の計画をつくって，
その後追加・修正していっても良いね。

目標

	日付	やること1	やること2
2週間前	／	▢	▢
	／	▢	▢
	／	▢	▢
	／	▢	▢
	／	▢	▢
	／	▢	▢
	／	▢	▢
1週間前	／	▢	▢
	／	▢	▢
	／	▢	▢
	／	▢	▢
	／	▢	▢
	／	▢	▢
	／	▢	▢
テスト期間	／	▢	▢
	／	▢	▢
	／	▢	▢
	／	▢	▢
	／	▢	▢

キリトリ線

QRコードのページに登録すると，「ぴたリンク」からも表をダウンロードできるよ

テスト前 ✓ やることチェック表

① まずはテストの目標をたてよう。頑張ったら達成できそうなちょっと上のレベルを目指そう。
② 次にやることを書こう（「ズバリ英語○ページ，数学○ページ」など）。
③ やり終えたら□に✓を入れよう。
最初に完ぺきな計画をたてる必要はなく，まずは数日分の計画をつくって，
その後追加・修正していっても良いね。

目標

	日付	やること 1	やること 2
2週間前	／	□	□
	／	□	□
	／	□	□
	／	□	□
	／	□	□
	／	□	□
	／	□	□
1週間前	／	□	□
	／	□	□
	／	□	□
	／	□	□
	／	□	□
	／	□	□
	／	□	□
テスト期間	／	□	□
	／	□	□
	／	□	□
	／	□	□
	／	□	□

QRコードのページに登録すると，「ぴたリンク」からも表をダウンロードできるよ

大日本図書版 理科 2 年 | 定期テスト ズバリよくでる | 解答集

化学変化と原子・分子

p.3-4 Step 2

❶ ① 黒色
② 白色
③ ㋒
④ 酸素
⑤（ぴかぴか）光る。
⑥ 流れる。

❷ ① 二酸化炭素
② ① 塩化コバルト紙
② (青色から) 赤色に変わる。
③ ㋑
④ 炭酸水素ナトリウム…㋐
白い固体…㋑
⑤ 強いアルカリ性
⑥ 生じた液体（水）が，加熱している部分に流れ，試験管が割れるのを防ぐため。

❸ ① 激しくなる。
② 小さな電圧で分解が進むため。
③ a ㋐　b ㋒
④ 2 ： 1
⑤ a 水素　　b 酸素

考え方

❶ ① 酸化銀は黒い粉末である。
② 酸化銀を加熱すると，だんだん白く変化していく。
③ ④ 酸化銀を加熱しているとき，火のついた線香を試験管の中に入れると，線香が炎(ほのお)を上げて燃える。このことから酸素が発生したことがわかる。
⑤ ⑥ 磨(みが)くと輝(かがや)く（金属光沢が出る），電流が流れる，というのは，金属に共通な性質である。

❷ ① 石灰水(せっかいすい)を白く濁らせるのは二酸化炭素である。
② 青色の塩化コバルト紙は，水にふれると赤色に変化する。
③ ④ ⑤ 炭酸水素ナトリウムは水に溶(と)けにくく，水溶液にフェノールフタレイン液を入れると，わずかに変色し弱いアルカリ性を示す。炭酸ナトリウムは水によく溶け，水溶液にフェノールフタレイン液を入れると，強いアルカリ性を示す。

❸ ② 純粋な水には電流が流れにくいので，電気分解をするのに非常に大きな電圧が必要となる。
③～⑤ 陽極(ようきょく)側から発生する気体は酸素，陰極(いんきょく)側から発生する気体は水素である。水を電気分解すると，だいたい
水素：酸素＝ 2 ： 1 の体積の比で発生する。

▶ 本文 p.6-11

p. 6-7 Step 2

❶ ❶ ㋒
❷ ① 性質　② 数
❸ ① 酸素　② 水素　③ 水

❷ ❶ Fe
❷ H
❸ O
❹ Cl
❺ C
❻ Na
❼ Cu
❽ Ag

❸ ❶ ㋐，㋓，㋕
❷ ㋑，㋒，㋔

❹ ❶

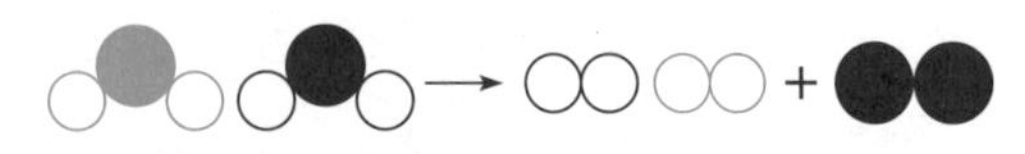

❷ $2H_2O$ → $2H_2$ ＋ O_2

❺ ❶ ㋐
❷ ㋑
❸ ㋐
❹ ○

❻ 右図

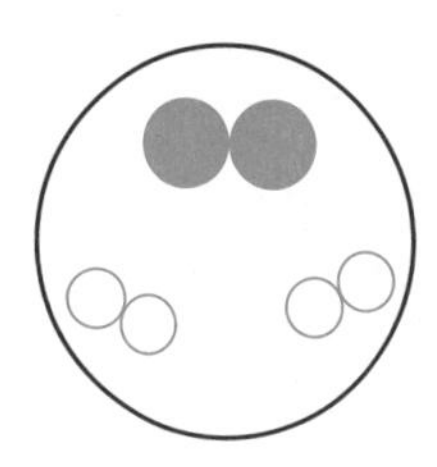

考え方

❶ ❸ 酸素原子（げんし）が２個くっついて酸素分子（ぶんし）になる。水素原子が２個くっついて水素分子になる。水分子は，酸素原子１個と水素原子２個が結びついてできている。

❷ よく出る元素（げんそ）記号は必ず覚えておくこと。アルファベット１文字のときは大文字で，２文字のときは，１文字目は大文字で，２文字目は小文字で書く。

❸ まず，物質の化学式をしっかり覚えること。化学式で，元素が１種類なら単体（たんたい），２種類以上なら化合物（かごうぶつ）である。

❹ ❶ まず，酸素原子の数を左右で等しくするために，左側に水分子を１個ふやす。すると，左側のほうが水素原子が２個多くなる。次に，水素原子の数を等しくするために，右側に水素分子を１個ふやす。左右で各原子の数が同じになることを考える。

❺ ❶ 水素の化学式はH_2，酸素の化学式はO_2である。
❷ 式の左右で，酸素原子の数がちがっている。
❸ 銀は分子をつくらないので，4Agとなる。

❻ 水の分子は，水素原子と酸素原子に分かれ，それぞれ２個ずつ結びついて，水素分子，酸素分子になる。

p. 9-11 Step 2

❶ ❶ 鉄
❷ 記号…B　理由…酸素と結びついたから。
❸ A 流れる。　B 流れない。
❹ 記号…A　発生した気体…水素
❺ ちがう物質
❻ 酸化鉄
❼ 鉄　＋　酸素　→　酸化鉄

❷ ❶ 燃焼
❷ 酸化鉄
❸ 高いとき
❹ うすい酸化物の膜が内部を保護するため。

❸ ❶ 白く濁る。
❷ 二酸化炭素
❸ 水
❹ 水素（原子）

❹ ❶ 黒色
❷ 赤くなる。
❸ 銅
❹ 二酸化炭素
❺ 2CuO　＋　C　→　2Cu　＋　CO_2
❻ 酸化銅…還元　炭素…酸化
❼ ㋒→㋑→㋐

❺ ❶ 酸化物から酸素をとり去る化学変化。
❷ ① 還元　② 酸化
❸ CuO　＋　H_2　→　Cu　＋　H_2O

❻ ❶ ㋑

❷ **反応が始まると発熱して，その熱で反応が進むから。**
❸ ① A　② B　③ **硫化水素**
❹ **硫化鉄**
❺ **鉄　＋　硫黄　→　硫化鉄**

考え方

❶ ❶ スチールウールは鉄を細い繊維状にしたものである。
❷ 鉄を空気中で加熱すると空気中の酸素と結びつくので，その分だけ質量が大きくなる。
❸〜❺ 鉄には電流が流れ，うすい塩酸に入れると水素が発生する。加熱後の物質には電流が流れず，うすい塩酸に入れても変化しない。性質がちがうので，別の物質である。
❻ ❼ 鉄と酸素が結びついて酸化鉄になる。

❷ ❶ ❷ 酸化には，熱や光を出して激しく進む酸化と穏やかに進む酸化がある。燃焼は，激しく進む酸化の例。金属がさびるのは，穏やかに進む酸化の例である。
❸ 温度が高いとき，酸化は速く進む。
❹ アルミニウムの酸化物の膜の厚さは非常にうすく，0.005 mmくらいである。

❸ ❶ ❷ 有機物を燃やすと，二酸化炭素が発生する。二酸化炭素は，石灰水を白く濁らせる性質がある。
❸ かわいたビーカーをアルコールランプの炎にかざすと，内側がくもる。これは，発生した水蒸気が，ビーカーの壁で冷やされて水滴になったと考えられる。
❹ 水は，酸素と水素が結びついてできるが，酸素は空気中にあるので，エタノールには水素がふくまれているとわかる。

❹ ❷〜❺ 酸素は銅よりも炭素と結びつきやすい。酸化銅中の酸素原子は炭素と結びついて二酸化炭素となり，後には銅が残るので試験管内の物質は赤くなっていく。
❼ 先に火を消すと，石灰水が加熱していた試験管に逆流して危険である。また，ピンチコックを閉じるのは，銅が再び酸化されるのを防ぐためである。

❺ ❸ 酸化銅が還元されて銅になり，水素が酸化されて水になる。

❻ ❶ 混合物の上部を加熱する。
❷ 混合物が赤くなったら加熱をやめる。すると，赤い部分が混合物全体に広がっていく。
❸ 磁石に引きつけられるのは鉄の性質。加熱後の物質には鉄の性質はない。混合物を塩酸に入れると，鉄と塩酸が反応して水素が発生する。加熱後の物質を塩酸に入れると，有毒でにおいのある硫化水素が発生する。
❹ ❺ 鉄と硫黄が結びついて硫化鉄になる。

p. 13-14　Step 2

❶ ❶ ㋒
❷ **燃焼**
❸ **発熱反応**

❷ ❶ A
❷ B
❸ A
❹ A
❺ A

❸ ❶ **アンモニア**
❷ **下がる。**
❸ **吸熱反応**

❹ ❶ **高くなっている。**
❷ **変わらない。**
❸ ㋐
❹ **酸素**
❺ **酸化**
❻ **酸化鉄**
❼ ① **酸素**　② **酸化鉄**
❽ ㋐
❾ ㋒
❿ **すべての鉄が酸化されてしまったから。**

考え方

❶ ❶ 炭素をふくむ化合物である。
❷ 有機物が燃焼するとき，多くの熱エネルギーが発生する。

❷ ❶ 食物の形でとり入れた有機物を体内で酸

化し，そのときに出るエネルギーを利用して体温を保ち，活動している。

❷ 鉄が酸化するときに出る熱を利用している。

❸～❺ 有機物が燃焼するときに出る熱を利用している。

❸ 水酸化バリウム ＋ 塩化アンモニウム
→ 塩化バリウム ＋ アンモニア ＋ 水
この反応では，周囲の熱を吸収して，温度が下がる。

❹ ❸ 活性炭(かっせいたん)は空気中の酸素を多くつかまえるため，食塩水は反応しやすくするために入れてある。熱の量は変化しない。

❹ 袋(ふくろ)からかいろを出すと熱くなるのは，空気中の酸素とふれるから。

❿ 混合物が熱くなるのは，鉄が酸化されるときに出る熱のためなので，すべての鉄が酸化鉄になってしまった後は，熱は発生しない。

p. 16-19 Step 2

❶ ❶ **二酸化炭素**
❷ ㋑
❸ ㋒
❹ **塩化ナトリウムと水**（順不同）

❷ 0.4 g

❸ ❶ **アンモニア**
❷ **発生したアンモニアが水に溶けたから。**
❸ **等しくなっている。**
❹ ㋓

❹ ❶ **発生しない。**
❷ **変化しなかった。**

❺ ❶ $2Cu + O_2 \rightarrow 2CuO$
❷ **銅が酸素と結びつくから。**
❸ **すべての銅が酸素と結びついたから。**

❻ ❶ 1.5 g
❷ 0.3 g
❸ 4：1
❹ 0.6 g
❺ 1.2 g

❼ ❶ $2Mg + O_2 \rightarrow 2MgO$
❷ 3：2
❸ 0.3 g

❽ ❶ **黒色**
❷ **マグネシウム**
❸ 3：8
❹ 0.3 g

考え方

❶ ❶❹ 炭酸水素ナトリウム ＋ 塩酸 →
塩化ナトリウム ＋ 二酸化炭素 ＋ 水

❷ 密閉(みっぺい)された容器の中で二酸化炭素が発生しているので，プラスチック容器をおすと，少しふくらんだ感じがする。

❸ 反応後，発生した気体は容器内にとどまっているので，反応前と全体の質量は変わらない。ふたを緩(ゆる)めると容器内の気体が外へ出ていくので，その分だけ質量が小さくなる。

❷ 塩酸を石灰石(せっかいせき)に加えると二酸化炭素が発生

する。空気中に逃げた二酸化炭素の分だけ，反応後の質量が小さくなる。
96.5－96.1＝0.4 g

❸ ❶ 塩化アンモニウム＋水酸化ナトリウム→アンモニア＋塩化ナトリウム＋水
❷ アンモニアは水に非常によく溶ける。
❸ ❹ 化学変化が起こる前の全体の質量とアンモニアが発生した化学変化後の全体の質量は等しい。アンモニアが水に溶けたのは化学変化でも状態変化でもないことに注意する。

❹ ❷ この反応では気体が発生しないため，密閉した容器の中で反応させなくても，反応の前後で質量は等しくなる。

❺ ❶ 銅＋酸素→酸化銅
Cu　O_2　　CuO
まず，酸素原子の数を左右でそろえるため，CuOの係数を２にする。次に，銅原子の数をそろえるため，Cuの係数を２とする。
❷ ❸ すべての銅が酸素と結びつくまでは加熱のたびに質量が増えるが，すべての銅が酸素と結びついてしまうと，それ以上反応が進まない。

❻ ❷ 1.5－1.2＝0.3 g
❸ 銅：酸素＝1.2：0.3＝４：１
❹ 酸化銅1.5 gに含まれる酸素の質量は0.3 gだから，酸化銅の質量が２倍の3.0 gになると，含まれる酸素の質量も２倍の0.6 gになる。
❺ 反応した酸素の質量は，2.2－2.0＝0.2 g
酸素0.2 gと結びつく銅の質量をx gとすると，x：0.2＝４：１
x＝0.8　残った銅は，2.0－0.8＝1.2 g

❼ ❷ マグネシウム0.3 g，0.6 g，0.9 gと反応する酸素は，順に，0.2 g，0.4 g，0.6 g。
マグネシウム：酸素＝0.3：0.2＝３：２
❸ 反応した酸素の質量は，1.8－1.2＝0.6 g
酸素0.6 gと結びつくマグネシウムの質量は0.9 g。1.2－0.9＝0.3 g

❽ ❷ 金属の質量が同じとき，結びついた酸素の質量が大きいほうが，加熱後の質量が大きくなる。
❸ 酸素0.2 gと結びつくマグネシウムの質量は0.3 g，銅の質量は0.8 g。0.3：0.8＝３：８
❹ 銅1.6 gを加熱すると0.4 gの酸素と結びついて，2.0 gの酸化銅ができる。したがって，2.5－2.0＝0.5〔g〕が，酸化マグネシウムの質量である。マグネシウム：酸素＝３：２の質量の比で結びつくので，
$x=0.5\times\frac{3}{5}=0.3$ g

p. 20-21　Step 3

❶ ❶ ① 変化なし。　② 線香が激しく燃える。
③ においはない。
❷ 酸素
❸ のびる（広がる）。
❹ $2Ag_2O$ → $4Ag$ ＋ O_2
❺ ガラス管を水槽の水から出す。

❷ ❶ 水酸化ナトリウム
❷ 大量の水で洗い流す。
❸ ア 水素　イ 酸素
❹ H_2，O_2
❺ $2H_2O$ → $2H_2$ ＋ O_2

❸ ❶ 酸化…炭素　還元…酸化銅
❷ $2CuO$ ＋ C → $2Cu$ ＋ CO_2

❹ ❶ Fe ＋ S → FeS
❷ 引きつけられない。
❸ 硫化水素
❹ 反応のとき熱が発生したから。

❺ ❶ 変化しない。
❷ 質量保存の法則
❸ 発生した気体（二酸化炭素）が外に逃げたから。

考え方

❶ ❶ ❷ 酸化銀(さんか)を加熱すると，酸素が発生する。酸素は，無色無臭(むしゅう)の気体で，ものを燃やすはたらきがあるので，火のついた線香を近づけると，線香は激しく燃える。石灰水(せっかいすい)に入れたときに石灰水が白く濁(にご)るのは，二

酸化炭素の性質である。

③ 加熱後に残った物質は銀である。銀は金属なので，たたくと広がる性質（展性）をもつ。

④ 酸化銀はAg_2O，酸素は分子で存在するのでO_2。よって

酸化銀　→　銀　＋　酸素

Ag_2O　　Ag　　O_2

左右の酸素原子の数を合わせるために，左辺の酸化銀を２つにする。

$2Ag_2O \rightarrow Ag + O_2$

右の銀（Ag）は分子をつくらないので，4Agとなる。

$2Ag_2O \rightarrow 4Ag + O_2$

⑤ ガスバーナーの火を消すと，試験管の中の気圧が下がる。このとき，ガラス管を水槽の水からぬいていない場合，水槽の水が逆流して加熱部分に流れこみ試験管が割れるおそれがある。

❷ ① 純粋な水は電気が流れにくい。純粋な水を分解するには，大きな電圧が必要であるが，水酸化ナトリウムを溶かすと，小さな電圧で分解することができる。

② 水酸化ナトリウムを溶かした水溶液は，目に入ったり，皮ふや衣服についたりしないように注意する。もし，ついてしまった場合は，すぐに大量の水で洗い流す。

③ 陰極側にたまった気体の体積は，陽極側にたまった気体のほぼ２倍である。

④ １種類の原子からできている物質を単体といい，２種類以上の原子からできている物質を化合物という。

⑤ 水を電気分解すると，水素と酸素に分解される。逆に，分解して出てきた物質をみれば，どのような物質からできているかがわかる。

水　→　水素　＋　酸素

H_2O　　H_2　　O_2

酸素原子の数を合わせて，左辺の水分子を２つにする。

$2H_2O \rightarrow H_2 + O_2$

水素原子の数を合わせて，右辺の水素分子を２つにする。

$2H_2O \rightarrow 2H_2 + O_2$

❸ ① 酸化と還元は同時に起こる。この場合，酸化銅が還元されて銅になり，炭素が酸化されて二酸化炭素になっている。

② 酸化銅　＋　炭素　→　銅　＋　二酸化炭素

CuO　　C　　Cu　　CO_2

酸素原子の数を合わせるために，酸化銅を２つにする。

$2CuO + C \rightarrow Cu + CO_2$

銅は分子をつくらないので，

$2CuO + C \rightarrow 2Cu + CO_2$

❹ ① 鉄と硫黄が結びついて硫化鉄ができる。このような反応を硫化という。鉄原子と硫黄原子は１：１で結びつく。

② 磁石につくのは，鉄の性質である。硫化鉄は鉄とは別の物質であり，その性質は鉄とは異なる。

③ 鉄を塩酸に入れると，水素が発生する。硫化鉄を塩酸に入れると，においのする気体が発生する。この気体は硫化水素で，有毒である。

④ 鉄と硫黄の混合物を加熱した場合，いったん化学変化が始まると，火を止めてもそのまま化学変化は進む。これは，鉄と硫黄が結びつくとき，光と熱が発生する激しい反応が起こり，この熱によって次の化学変化が起こるからである。

❺ ① うすい塩酸と炭酸水素ナトリウムを混ぜ合わせると，二酸化炭素が発生する。容器は密閉されているので，発生した二酸化炭素は容器中から逃げず，化学変化の前後で質量は変化しない。

③ 容器のふたをとると，気体の二酸化炭素は空気中に逃げるため，質量は小さくなる。

生物の体のつくりとはたらき

p.23 Step 2

❶ ① A，C，D
② **細胞壁**
③ ㋑，㋕，㋖
④ **単細胞生物**
⑤ **多細胞生物**

❷ ① a，b，d，f
② g
③ b，d，f

考え方

❶ ③ ミジンコは，カニやエビのなかまに近い多細胞生物である。
オオカナダモは外来の水草の一種であり，花が咲く。
ミカヅキモは光合成をする単細胞生物である。アメーバとゾウリムシは，動き回る単細胞生物である。

❷ aは葉の表皮細胞，bは根の先端の断面，cは神経細胞，dは葉の断面，eは赤血球，fは茎の横断面，gは筋肉の細胞の集まりである。

p.25-26 Step 2

❶ ① ㋒
② **デンプン**
③ **光合成**
④ **葉を脱色するため。**

❷ ① B
② **二酸化炭素**
③ **対照実験**
④ **青（色）**

❸ ① **酸素**
② ②
③ **青**
④ A **光合成**　B **呼吸**

❹ ① **水面から水が蒸発するのを防ぐため。**
② A
③ **蒸散**
④ **葉**

考え方

❶ 光合成は葉の細胞の中にある葉緑体で行われている。葉緑体のないふの部分では光合成は行われない。

❷ ① Aの試験管では光合成が行われているため，はじめにふきこんだ息に含まれている二酸化炭素の一部が葉にとり入れられた。そのため試験管内の二酸化炭素が減っているので，Bに比べると石灰水のにごりは少ない。
③ タンポポの葉を入れないと何も変化しないことを確かめる実験である。
④ 液は，酸性から，中性〜アルカリ性になった。

❸ ① オオカナダモを光にあてると，気泡が出てくる。この気体は酸素であり，この気泡を試験管に集めて火のついた線香を入れると，線香が激しく燃える。
②〜④ 酸素をとり入れ，二酸化炭素を出すはたらきを呼吸といい，光合成では二酸化炭素をとり入れ，酸素を出す。光合成は，光のエネルギーを利用して行われるので，昼のみ行われ，呼吸は一日中行われている。

❹ ① 蒸散の量を正確に調べるためには，蒸散以外からの水の蒸発を防ぐ必要がある。
② Aは葉の表と裏と茎から，Bは葉の表と茎から，Cは葉の裏と茎から，それぞれ蒸散するので，水の減り方の多い順に並べるとA→C→Bとなる。
④ 植物が蒸散する量は，葉の表側より裏側からの方が多い。

p.28-29 Step 2

❶ ① **道管**
② **師管**
③ **維管束**
④ **気孔**

❷ ❶ ㋑
❷ ㋒
❸ 双子葉類

❸ ❶ ㋑
❷ 根毛

❹ ❶ ㋑
❷ 師管
❸ ㋒
❹ 道管
❺ 表面積

❺ ❶ デンプン
❷ 光合成
❸ 水に溶けやすい物質
❹ 維管束
❺ 蒸散
❻ 芽を出すとき。

考え方

❶ ❶❷ 根から水と無機養分を輸送するのが道管，葉から養分を輸送するのが師管である。
❹ 孔辺細胞に囲まれた穴を気孔といい，二酸化炭素や水が出入りする。

❷ 双子葉類において，茎の断面を調べると，維管束は輪のように並んでいて，維管束の中心側を道管が，外側を師管が通っている。

❸ ❶ 根の断面において，道管は根の中心部を通っている。
❷ 根は，先端近くにある根毛によって，土から水などを吸収している。

❹ ❶ 水が通るのは道管で，根の中心部である㋑である。
❸ 葉でつくられた養分は師管を通る。
❺ 根は根毛があることによって，表面積が広くなり，土から効率よく水や無機養分を吸収することができる。

❺ 光合成によってつくられたデンプンは，水に溶けやすい物質に変化して，師管を通り体全体を移動する。一部は果実や種子などにたくわえられ，発芽や成長に使われる。

p.31-32 Step 2

❶ ❶ A
❷ B
❸ 分解（消化）されたから。
❹ 消化酵素（アミラーゼ）

❷ ❶ 消化管
❷ A 肝臓　C 大腸
❸ D，E，F（順不同）
❹ ① ブドウ糖　② アミノ酸
③ 脂肪酸，モノグリセリド（順不同）

❸ ❶ 小腸
❷ 柔毛
❸ ① a　② b
❹ 肝臓

❹ ❶ タンパク質
❷ 体をつくる材料
❸ 胆汁
❹ グリコーゲン
❺ 脂肪

考え方

❶ だ液中の消化酵素によって，デンプンは分解されてブドウ糖が2つ以上つながったものになる。
❶ ヨウ素液はデンプンがあると青紫色に変化するが，デンプンがないときには何も変化しない。
❷❸ ベネジクト液は，ブドウ糖やブドウ糖がいくつかつながったものがあると，加熱したときに赤褐色の沈殿ができる。ブドウ糖やブドウ糖がいくつかつながったものがないときや，糖があっても加熱しないときは，何も変化しない。また，加熱するときには，急に沸騰しないように，沸騰石を入れたり，こきざみに振ったりすることを覚えておこう。
❹ 消化のはたらきをするものを消化酵素という。消化酵素には，ある決まった相手の物質を大きな分子から小さな分子に変えるはたらきがあり，わずかな量でも多量の物質

を変化させることができる。まわりの条件によって，はたらきが強くなったり，弱くなったりするなどの特徴がある。

❷ 器官は，A…肝臓，B…胆のう，C…大腸，D…胃，E…すい臓，F…小腸を表している。

❶ 消化管の途中には，だ液せん，すい臓，肝臓などが管でつながっていて，性質のちがった消化液を出している。

❸❹ 消化酵素には，だ液中の消化酵素，胃液中の消化酵素，すい液中の消化酵素，小腸の壁の消化酵素がある。胆汁には，脂肪を分解する消化酵素を助けるはたらきがある。

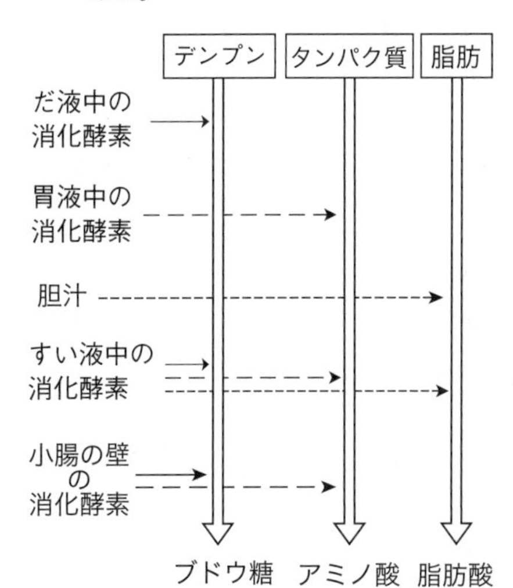

❸ 消化管は，口から肛門までつながった1本の管なので，消化管の内容物は，体外にあるともいえる。したがって，分解した養分を体内にとり入れること（吸収）が必要となる。

❷ 小腸の壁にはたくさんのひだがあり，ひだの表面は柔毛という小さな突起でおおわれている。柔毛は，表面積を広くし，一度にたくさんの養分が吸収できるようになっている。

❸ ブドウ糖とアミノ酸は，そのまま吸収されるが，脂肪酸とモノグリセリドは，柔毛から吸収された後に再び脂肪となり，リンパ管に吸収され，太い血管に入っていく。

❹ ブドウ糖やアミノ酸は，毛細血管を通り肝臓に入る。そのまま通過するものもあるが，別の物質につくり変えられて，たくわえられたりする。また，筋肉にもたくわえられる。

❹ ❶ 食物からえられたタンパク質はアミノ酸に分解されたあと，肝臓で体に必要なタンパク質に合成されて，血液中に送り出される。

❹ ブドウ糖の一部はグリコーゲンに合成されてたくわえられ，必要に応じて再びブドウ糖に分解されて，血液中に送り出される。

p.34-35 Step ❷

❶ ❶ A **気管**　B **気管支**　C **肺胞**

❷ **酸素**

❸ **二酸化炭素**

❷ ❶ Ⓐ **二酸化炭素**　Ⓑ **酸素**

❷ **静脈血**

❸ **動脈血**

❹ **肺循環**

❺ **体循環**

❻ a ㋒　b ㋓　c ㋑　d ㋐

❸ ❶ A **赤血球**　B **血小板**

C **血しょう**　D **白血球**

❷ **ヘモグロビン**

❸ **酸素と結びつく性質がある。**

❹ **C**

❺ ① **D**　② **B**

❹ ❶ ① **肝臓**　② **尿素**

❷ A **腎臓**　B **輸尿管（尿管）**　C **ぼうこう**

❸ ㋑

考え方

❶ 鼻や口から吸いこまれた空気は，気管を通って肺に入る。気管は枝分かれ（気管支）して細くなり，その先端は肺胞という袋になっていて，酸素と二酸化炭素の交換が行われている。

❷ ❶ 肺で血液中にとり入れられ，細胞によって使われる物質は酸素。細胞の呼吸によっ

てでき，血液にとり入れられ，肺で体外に出される物質は二酸化炭素である。

➋ 細胞の呼吸によってでき，血液にとり入れられた二酸化炭素を肺に運ぶまでの血液を静脈血という。

➌ 肺で血液にとり入れられた酸素を体の細胞に運ぶまでの血液を動脈血という。

➍ この経路を回っている途中に酸素が血液にとりこまれる。

➎ この経路を回っている途中に二酸化炭素が血液にとりこまれる。

➏ 心臓から肺に血液が流れる血管が肺動脈，肺から心臓に戻ってくる血液が流れる血管が肺静脈，心臓から体の各部分に血液が流れる血管が大動脈，体の各部分から心臓に戻ってくる血液が流れる血管が大静脈である。

❸ 血液は，血しょう（透明な液体），赤血球（中央がくぼんだ円盤形），白血球（核がある），血小板（不規則な形）から成り立つ。

➌ ヘモグロビンは，酸素の多いところでは多くの酸素と結びつき，酸素の少ないところでは結びついた酸素の一部を放す性質をもっている。

➍ A（赤血球），B（血小板），D（白血球）は，固形の成分である。

❹ 細胞でタンパク質が分解されると，アンモニアができる。アンモニアは血液によって肝臓に運ばれ，ここで尿素につくり変えられると，再び血液によって腎臓に運ばれ，ここでこしとられて尿となる。尿は，輸尿管を通ってぼうこうに一時的にためられてから，体外に排出される。このとき，血液中の余分な水分や塩分も排出されるため，血液中の塩分濃度を一定に保つことができる。

p.37-39 Step 2

❶ ➊ A **縮む** B **緩む**
　➋ A **緩む** B **縮む**
　➌ **関節**

❷ ➊ a **鼓膜** b **耳小骨**
　c **うず巻き管**
　➋ a ㋑ b ㋒ c ㋐
　➌ ① **鼻** ② **皮ふ**

❸ ➊ **感覚器官**
　➋ **感覚細胞**
　➌ **光**
　➍ a：名称…**網膜** はたらき…㋑
　b：名称…**レンズ（水晶体）** はたらき…㋒
　c：名称…**虹彩** はたらき…㋐

❹ ➊ B
　➋ **目**

❺ ➊ **脊髄**
　➋ **中枢神経**
　➌ **末梢神経**
　➍ **感覚神経**
　➎ **運動神経**

❻ ➊ ① d → c → f
　② d → c → b → a → e → c → f
　➋ **反射**
　➌ ㋐，㋓

考え方

❶ 手やあしが動くときは，1対の筋肉が縮んだり，緩んだりして，関節の部分の骨格を動かす。

➊ ひじの部分で腕が曲がるのは，関節をこえてついている内側の筋肉が縮んで，外側の筋肉が緩むからである。

➋ 腕をのばすときには腕を曲げるときとは反対に，関節をこえてついている内側の筋肉が緩んで，外側の筋肉が縮む。

❷ 音の刺激によって鼓膜が振動し，この振動を耳小骨がうず巻き管に伝える。

➌ 目は光を，耳は音を，鼻はにおいを，舌は味を，皮ふはさわられた感じや圧力・温

度・痛さなどをそれぞれ感じる。

❸ 目は物体からの光を屈折させ，網膜上に像を結ぶことによって光の刺激を受けとる。目などの感覚器官には，それぞれの刺激を受けとる特別な細胞，感覚細胞がある。

❹ メダカは周囲の動きを目で見て感じとり，模様に合わせて，その位置にとどまるように泳ぐ。

❺ ❶ 脊髄は，かんたんな反射などのはたらきの中心であり，脳と体の各部分との間の信号のやりとりのなかだちをする。

❷❸ 脳や脊髄（中枢神経）と末梢神経をまとめて神経系という。

❹❺ 感覚器官とつながっている感覚神経と，筋肉（運動器官）とつながっている運動神経を末梢神経という。

❻ 意識して行われる反応と，無意識に行われる反応（反射）のしくみを理解しよう。反射には，暗いところで目のひとみが広がる，食物を口に入れるとだ液が出る，体がつり合う，体温が一定に保たれるなどさまざまある。

p.40-41 Step 3

❶ ❶ A 核　B 細胞膜　C 液胞　D 細胞壁　E 葉緑体

❷ 単細胞生物

❸ ① 組織　② 器官

❷ ❶ 水面から水が蒸発するのを防ぐため。

❷ 葉の裏…8 mL　茎…4 mL

❸ ウ

❸ ❶ B，青紫色

❷ C，赤褐色

❸ ㊀

❹ ❶ C 運動神経　D 感覚神経

❷ EDBABCF

❸ EDBCF

❹ 反射

考え方

❶ ❶ 動物の細胞，植物の細胞に共通して見られるつくりは，A の核，B の細胞膜で，植物の細胞だけに見られるつくりは，C の液胞，D の細胞壁，E の葉緑体である。

❷ 1つの細胞からできている生物を単細胞生物という。

❸ 多細胞生物のからだの中では，形やはたらきが同じ細胞が集まって組織をつくり，いくつかの種類の組織が集まって特定のはたらきをする器官をつくる。

❷ ❶ 蒸散量を調べたいので，水面から水が蒸発しないようにする必要がある。

❷ A は葉の裏＋茎，B は葉の表＋茎，C は葉の表＋裏＋茎からの蒸散量である。
葉の裏の蒸散量＝C－B，
茎＝A－葉の裏からの蒸散量

❸ だ液の中には，アミラーゼという，デンプンをブドウ糖がいくつかつながったものに変化させる消化酵素がある。ヨウ素液はデンプンと反応して青紫色になり，ベネジクト液は，加熱するとブドウ糖がいくつかつながったものと反応して赤褐色の沈殿をつくる。
デンプンを，ブドウ糖がいくつかつながったものに分解する原因がだ液にあることを確かめるために，だ液のかわりに水を入れ，それ以外はまったく同じ実験を行う。これを対照実験という。

❹ 「手が冷たいのでストーブに手をかざした」という行動は脳が関係した反応である。一方，「熱いやかんに指が触れ，思わず手を引っ込めた」という行為は身を守るためにとっさに起きるもので，脳は関係せず，脊髄の命令で行われる。これを反射という。

▶ 本文 p.43-46

電流とその利用

p.43-44 Step ❷

❶ ① A
② 5 A
③ 330 mA

❷ ① X
② X a　Y c
③ 300 V
④ 2.40 V

❸ ① I_2 250 mA　I_3 250 mA
② 1 V
③ $V = V_A + V_B$

❹ ① 0.5 A
② 0.2 A
③ $I_1 = I_2 + I_3 = I_4$
④ V_A 1.5 V　V_B 1.5 V
⑤ $V = V_A = V_B$

考え方

❶ ② 電流の大きさが予想できないときは，一番大きな5 Aの端子につなぐ。針の振れが小さすぎたらつなぎかえる。
③ 500 mAの－端子を使っているので，針が右端の目盛りまで振れたときが500 mA。最小目盛りは10 mAである。

❷ ① 電圧計ははかろうとする部分に並列につなぐ。
③ 電圧の大きさが予想できないときは，一番大きな300 Vの端子につなぐ。針の振れが小さすぎたらつなぎかえる。
④ 3 Vの－端子を使っているので，針が右端の目もりまで振れたときが3 V。最小目盛りは0.1 Vである。最小目盛りの10分の1まで読む。

❸ 豆電球に流れこむ電流と豆電球から流れ出る電流は等しい。直列回路では，回路のどこでも電流の大きさが同じなので，
$I_1 = I_2 = I_3$。

❹ ① 分かれる前の電流の大きさは，合流した後の電流の大きさに等しい。$I_1 = I_4$
② 並列部分の電流の大きさの和は，分かれる前の電流の大きさに等しい。$I_1 = I_2 + I_3$より，
0.5 A－0.3 A＝0.2 A

p.46 Step ❷

❶ ① **太い電熱線**
② 太い電熱線…15 Ω　細い電熱線…30 Ω
③ 9 V

❷ ① ① 0.15 A
② 1.5 V
③ 20 Ω
② ① 3 V
② 0.30 A
③ 5 Ω
④ **小さくなる。**

考え方

❶ ① 右図。

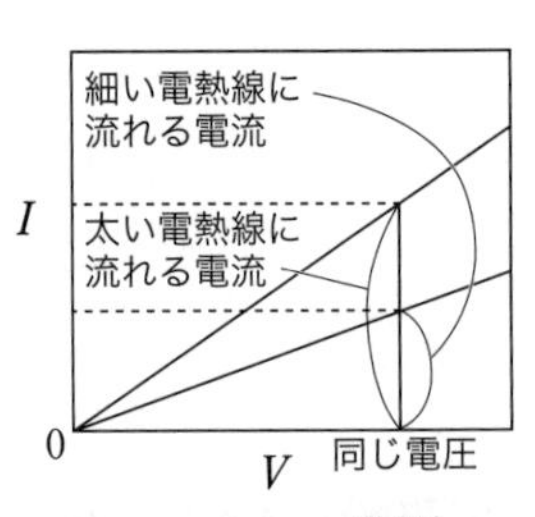

② グラフから数値を読みとるときは，読みとりやすい点を選ぶ。たとえば，電圧が3 Vのとき，太い電熱線を流れる電流は0.2 A，細い電熱線を流れる電流は0.1 Aである。
したがって，太い電熱線の抵抗は，

$$\frac{3\,\text{V}}{0.2\,\text{A}} = 15\,\Omega$$

細い電熱線の抵抗は，

$$\frac{3\,\text{V}}{0.1\,\text{A}} = 30\,\Omega$$

③ 3 V × 3 ＝9 V
（別解）30 Ω × 0.3 A

❷ ① ② 10 Ω × 0.15 A＝1.5 V
③ 10 Ω＋10 Ω＝20 Ω
または，$\frac{3.0\,\text{V}}{0.15\,\text{A}} = 20\,\Omega$

② ① 10 Ω × 0.30 A＝3 V
② 0.60 A－0.30 A＝0.30 A

③ $\frac{3\,V}{0.60\,A}=5\,\Omega$

または $\frac{1}{R}=\frac{1}{10}+\frac{1}{10}=\frac{2}{10}=\frac{1}{5}$

より，$R=5\,\Omega$

④ 並列回路では，回路全体の抵抗がそれぞれの抵抗よりも小さい。

p.48 **Step 2**

❶ ❶ **電力**

❷ ㋑

❷ ❶ 1800 J

❷ 下図

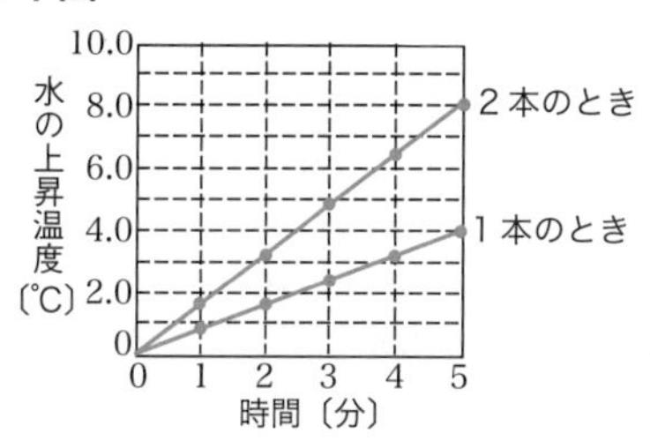

❸ ① 1.5 A　② 21.0℃

❸ ❶ 8 A

❷ 200 Wh

考え方

❶ ❶ 1秒あたりに使う電気エネルギーの量を電力(でんりょく)という。

❷ 電気器具に表示されているワット数が大きいほど，そのはたらきも大きい。

❷ ❶ 5分＝300秒

6 W×300 s＝1800 J

❸ ① 電熱線の電力が6 Wから9 Wの1.5倍になっているので，流れる電流(でんりゅう)も1.5倍になる。

1.0 A×1.5＝1.5 A

または，9 W＝6 V×x A

x＝1.5 A

② 5分間の水の上昇(じょうしょう)温度は，6 Wの電熱線1本のときが4.0℃，2本のとき（12 Wの電熱線1本に相当）が8.0℃。電力が2倍になると，水の上昇温度も2倍になっているから，9 Wの電熱線1本では，4.0℃の1.5倍の温度上昇があると考えられる。

4.0℃×1.5＝6.0℃

15.0℃＋6.0℃＝21.0℃

❸ ❶ 800 W＝100 V×x A

x＝8 A

❷ 800 W×$\frac{15}{60}$ h＝200 Wh

p.50-51 **Step 2**

❶ ❶ a ㋒　b ㋑　c ㋐

❷ **逆になる。**

❸ **電流を大きくする。コイルに鉄心を入れる。**

❷ ❶ ① ㋑　② ㋑　③ ㋐

❷ **大きくなる。**

❸ ❶ **電磁誘導**

❷ **誘導電流**

❸ ㋑，㋓

❹ **流れる。**

❺ ① **小さくなる。**

② **大きくなる。**

❹ ❶ **図1，図4**

❷ **電流の向きが交互に入れかわる。**

考え方

❶ ❶ 下図。方位磁針(ほういじしん)のN極(きょく)の向きは，下図の矢印の向き。

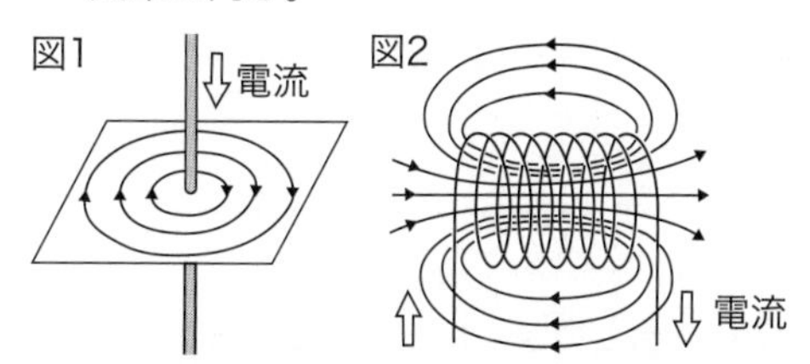

❷ 電流の向きが逆になると磁界(じかい)の向きも逆になる。

❷ ❶ 図1の拡大図と比べて考える。力の向きは，磁界の向きか電流の向きが逆になると，逆向きになる。

① 電流の向きが逆になっているので，力の向きは図1と逆になる。

② 磁界の向きが逆になっているので，力の向きは図1と逆になる。

③ 電流の向きと磁界の向きが両方とも逆になっているので，力の向きは図1と変わらない。

❸ 検流計は，ごくわずかな電流が流れても針が振れる。

③ ㋐ N極（S極）をコイルに入れたままにすると磁界が変化しないので電流は流れない。

㋑ N極をコイルから遠ざけることになるので，図とは逆向きの電流が流れる。

㋒ ㋓ N極を近づけたときとS極を近づけたときでは，電流の向きが逆になる。また，S極（N極）を近づけたときと遠ざけたときでは，電流の向きが逆になる。

④ コイルと磁石の間の距離が変化するので電流は流れる。

⑤ コイルの巻数を多くしたり，磁石の動きを速くしたりすると，誘導電流は大きくなる。

❹ 発光ダイオードは，長いほうのあしの端子に＋極を，短いほうのあしの端子に－極をつないで，電圧をかけると発光する。

p.53 Step ❷

❶ ① **ちがう種類の電気**

② **退け合う。**

③ **同じ種類の電気**

❷ ① ① － ② ＋ ③ **電気**

② ㋑

考え方

❶ ① 引き合う力がはたらくのは，ちがう種類の電気どうしの間である。

② ③ ストローは同じ物質でできているので，ティッシュペーパーでこすった2本のストローは同じ種類の電気を帯びる。2本のストローは退け合う。

❷ 電子線（陰極線）がガラス壁や蛍光板にあたって，発光している。

② 電流の向きは，電子の動く向きと逆になっている。

p.54-55 Step ❸

❶ ①

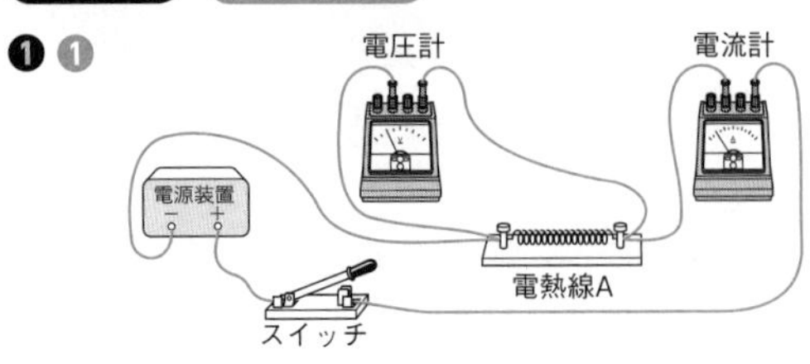

②

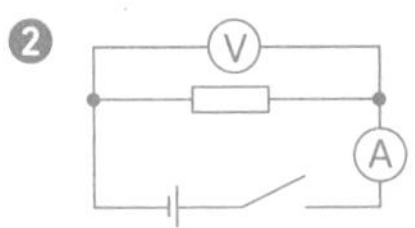

③ 7.0 V

④ 5 A

⑤ A 150 mA B 350 mA

⑥ **比例関係，オームの法則**

⑦ A

⑧ 40 Ω

❷ ① 1 W

② オーブントースター…10 A

電気ポット…7.5 A

③ 1000 J

④ ㋐

❸ ㋒

❹ ① a －極 b ＋極

② ㋒

③ **－の電気をもっている。**

考え方

❶ ① ② 電流計は回路に直列につなぎ，電圧計は回路に並列につなぐ。

③ 15 Vの端子につないでいるので，電圧計の最大の目盛りを15 Vとして読む。

⑥ 電圧と電流の関係は，原点を通る直線のグラフであるから比例関係にある。これをオームの法則という。

⑧ 電熱線Aは，電圧が6 Vのとき，流れる電流の大きさがグラフより0.15 Aである。よって，オームの法則より，

6 V÷0.15 A＝40 Ω

❷ ① 電力P＝電圧V×電流Iで求められる。よって，1 V×1 A＝1 Wである。

② ① より求める。

▶ 本文 p.54-55

1000 W÷100 V＝10 A

750 W÷100 V＝7.5 A

❸ 1 Wの電力で 1 秒間に生じる熱量が1 Jである。

1 J＝ 1 W×1 sより，

1000 W×1 s＝1000 J

❹ 同じ温度で同じ量の水を同じ温度まで加熱するには，同じ量の熱量が必要である。熱量の大もとは，電熱線で消費された電気エネルギーである。この電気エネルギーを電力量といい，熱量と同じ単位ジュール（J）を用いて表される。

熱量〔J〕＝電力量〔J〕＝電力〔W〕×時間〔s〕

同じ熱量をとり出すために消費する電力量は同じであり，加熱時間は電力すなわち電気器具のワット数に反比例する。

したがって，1000 Wの電気ポットを使用した方が，750 Wの電気ポットを使用するよりも加熱時間が短くてすむ。

❸ 図のコイルや導線のまわりにはたらいている磁力線は以下の図のようになっている。㋒のＡの位置の磁針の向きが誤りである。磁界の中の磁針のN極は，磁界の向きを指す。

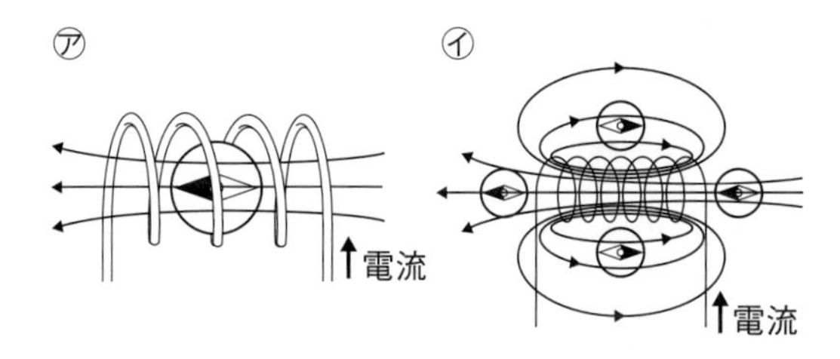

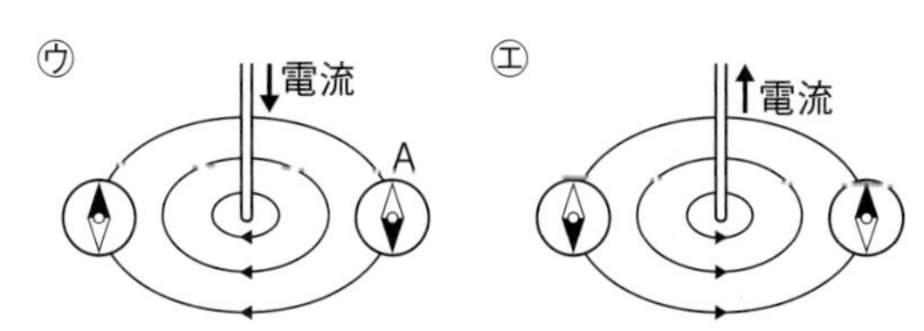

❹ ❶ クルックス管の中で電子線がまっすぐに光って見えるとき，電子線と同じ直線上にある極が－極である。

❷ 電子線は電極板の＋極の方に曲がる。

❸ ❷ より，電子線は－の電気をもったものの流れであることがわかる。実際には，電子線は－極から＋極へ移動する電子の流れそのものであることが，イギリスのトムソンによって見いだされた。

気象のしくみと天気の変化

p.57-58 Step 2

❶ ① ㋒
② **雲量**
③ **晴れ**
④ 22℃
⑤ 66%

❷ ① 2
② **南東から北西**
③ **くもり**
④ **右図**

北
西 東
南

❸ ① A
② **晴れていた。**
③ ⑴ ㋑　⑵ ㋐　⑶ ㋔　⑷ ㋓　⑸ ㋓　⑹ ㋔
④ **高いとき**

❹ ① ㋒
② **雨**
③ **気温，湿度ともに変化が小さいから。**

考え方

❶ 雲のようすや種類，天気記号や湿度表など，気象要素に必要なことがらをしっかりと覚えよう。
① 気温は，乾湿計の感温部に直射日光があたらない，地上からおよそ1.5 mの高さではかる。
④ 乾球の示す温度＝気温
⑤ 乾湿計の乾球と湿球の示す温度の差から湿度表で読みとる。22℃－18℃＝4℃，22℃の行で，乾湿球の差が4℃の列が答えとなる。

❷ ② 風は，矢羽根の先（南東）から天気記号（北西）の方向にふいている。
③ ◎はくもりの天気記号。○は快晴，⦶は晴れ，●は雨，⊗は雪，⊙は霧を表す。
④ 雲量で天気が決まる。

❸ ① 昼ごろに高くなるのは気温である。湿度は気温とは逆のグラフになる。
② グラフを見ると気温も湿度も変化が大きいので晴れた日とわかる。
③ 気温が最高になるのは午後2時ごろ，最低になるのは夜明け前である。
④ 天気は気圧が高くなるとよくなり，気圧が低くなると悪くなる。

❹ ① ㋐は湿度，㋑は気温を表している。
②③ 晴れた日は，気温，湿度の変化が大きくなる。

p.60-61 Step 2

❶ ① A
② B
③ 2000 Pa
④ **大きくなる。**

❷ ① **同じ**
② 3000 Pa
③ **人と板の重さを支える面積が大きくなり，紙コップにかかる圧力が小さくなったため。**

❸ ① **等圧線**
② 1016
③ hPa
④ **ア**
⑤ ㋒

❹ ① 4 hPa
② A 996 hPa　B 1008 hPa　C 1016 hPa
③ A
④ ⑴ ㋐　⑵ ㋒
⑤ **下降気流**

考え方

❶ ①② 力がはたらく面積が小さいほど，圧力は大きい。力がはたらく面積が大きいほど，圧力は小さい。この直方体の場合，Bがもっとも面積が大きい。
③ Bの面積は，
$0.06\,m \times 0.05\,m = 0.003\,m^2$
よって，圧力は
$$\frac{6\,N}{0.003\,m^2} = 2000\,Pa$$

❷ ① 力の大きさも，接する面積も同じなので，圧力は等しい。

② $300+600+900=1800$ g
1800 gの物体がスポンジを押す力の大きさは18 N。

$$\frac{18\ \mathrm{N}}{0.006\ \mathrm{m}^2}=3000\ \mathrm{Pa}$$

❸ ② 等圧線(とうあつせん)は4 hPaごとに引かれており，1012 hPaと1020 hPaの間だから，
1012 hPa + 4 hPa = 1016 hPa
④ 気圧の値の低い方が低気圧(ていきあつ)なので，アである。
⑤ 高気圧(こうきあつ)からは，時計回りに風がふき出すので，Yの地点の風向は南西と考えられる。
❹ ③ 等圧線の間隔(かんかく)の狭(せま)いところほど，風力は強い。
⑤ 高気圧の中心では，下降気流(かこうきりゅう)となる。

p.63-65 Step ❷

❶ ① **凝結**
② **露点**
③ **高い**
❷ ① **10℃**
② **9.4 g**
③ **17.3 g**
④ **54.3%**
⑤ **100%**
❸ ① **D**
② **20℃**
③ **56.9%**
④ **7.9 g**
⑤ **760 g**
❹ ① **㋑**
② **㋑**
③ **空気A**
④ **5.2 g**
❺ ① **膨張した。**
② **下がる。**
③ **水滴（水）**
④ **くもりが消える。**
⑤ **あまりくもらない。**（その他，**くもり方は少なくなる，**など）
❻ ① **上昇気流**
② **低くなる。**
③ **細かい水滴や氷の粒**
④ **㋒**

考え方

❶ 空気が含(ふく)むことのできる水蒸気の量は，その気温によって限度の量が決まっている(飽和水蒸気量(ほうわすいじょうきりょう))。空気が冷えて，露点(ろてん)に達すると含むことができなくなった水蒸気が凝結(ぎょうけつ)（気体の状態にある物質が液体に変わる現象）し，水滴(すいてき)になる。
❷ ① コップの表面に水滴がつき始める温度（凝結するときの温度）が露点である。
② 露点に達すると，空気中に含みきれなかった水蒸気が水になる。このとき，空気は飽和水蒸気量に達している。
④ 室温20℃より，飽和水蒸気量は17.3 g/m³であり，この部屋の空気1 m³中に含まれている水蒸気の量は❷より，9.4 gだから

$$\frac{9.4}{17.3}\times 100=54.33\cdots\%$$

⑤ 凝結しているとき(露点に達しているとき)の湿度は100%である。
❸ ① 30℃の縦線と17.3 gの横の点線が交わっているところ。
② 1 m³中に17.3 gの水蒸気を含む空気が飽和状態になるのは20℃である。
③ $\frac{17.3}{30.4}\times 100=56.90\cdots\%$
④ 17.3 g − 9.4 g = 7.9 g
⑤ $30.4\times 0.5=15.2$ g/m³
$15.2\times 50=760$ g
❹ ① 空気Aの飽和水蒸気量は30.4 g/m³，含まれている水蒸気の量は20 g/m³より，

$$\frac{20}{30.4}\times 100=65.7\cdots$$ となるので約66%となる。

② 表より，20 g/m³が飽和水蒸気量になるのは，22℃（飽和水蒸気量，19.4 g/m³）と24℃（飽和水蒸気量，21.8 g/m³）の間で

あるので，㋑があてはまる。

❸ ❶より，空気Aの湿度は約66％，空気Bの湿度は，$\frac{10}{17.3}\times 100=57.80\cdots$％となる。

❹ 0℃の飽和水蒸気量は表より，4.8 g/m³だから，10－4.8＝5.2 gの水滴ができる。

❺ ❶ まわりの気圧が低くなると，空気は膨張し，気温が下がる。空気がある高さまで上昇すると露点に達する。水蒸気は空気中の小さなちりを凝結核として無数の細かい水滴や氷の粒（雲粒という）となり，上空に浮かぶ。これが雲である。

❸ 気体である水蒸気は液体の水滴に変化する。フラスコの中に入れた線香の煙は凝結核の役割をはたしている。

❹ ピストンを強くおすと，フラスコ内の気圧が高くなるので，空気が圧縮されるため，温度が上がる。

❺ 線香の煙（凝結核）があると，凝結が起こりやすくなる。

❻ ❶ 空気のかたまりが，太陽放射の加熱や山岳の影響により，上昇するときに雲ができる。

❷ 上空へ行くほど，大気の重さは減る。

❹ 空気のかたまりが上昇すると，ある高さで空気の温度が露点に達し，雲ができ始める。この高さは空気に含まれている水蒸気の量や上空の温度によって異なる。

p.67　Step 2

❶ ❶ **低気圧**

❷ a **寒冷前線**　b **温暖前線**

❸ C

❹ ㋐

❷ ❶ B

❷ ① **寒冷**　② 18

❸ **よくなる。**

考え方

❶ ❶ 中緯度で発生する低気圧（温帯低気圧）は，ふつう，前線をともなう。

❷ 温暖前線は低気圧の中心から，その進む方向の前方に，寒冷前線は後方にできる。寒冷前線は温暖前線より速く進む。

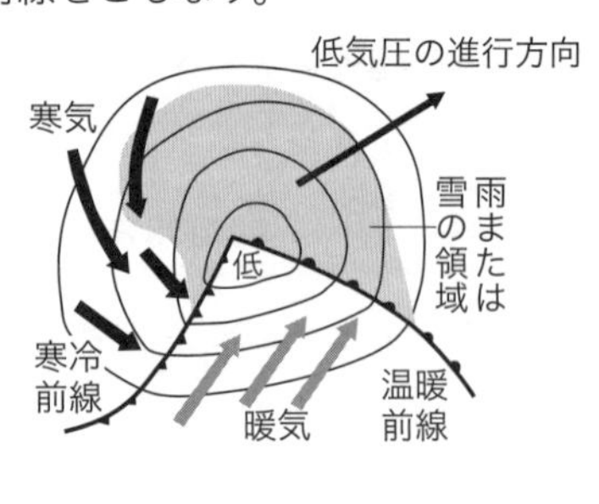

❹ 低気圧の中心部には上昇気流ができる。

❷ 図Aは，日本の南側に高気圧があるので，一日中天気がよい。図Bは，寒冷前線が通過するので，突風がふき，天気が悪くなる。図Cは，寒冷前線通過後で，大陸から大きな高気圧がやってきて天気が回復する。

p.69　Step 2

❶ ❶ A **シベリア気団**　B **オホーツク海気団**　C **小笠原気団**

❷ A

❸ C

❹ ① A　② C

❷ A **冬**　B **春**　C **つゆ**

考え方

❶ ❹ ① 冬の天気に影響をおよぼすのは，Aのシベリア気団である。西高東低の気圧配置は典型的な冬型の気圧配置であり，冬には，日本海側では雪が降り，太平洋側では乾燥した晴天の日が続く。

② 夏の天気に影響をおよぼすのは，Cの小笠原気団である。

❷ Aのような，日本列島に縦の等圧線が入るのは，西高東低の典型的な冬型の気圧配置である。

春には，Bのように，シベリア高気圧がおとろえて冬の季節風が弱まることで，日本海上で低気圧が発達し，春一番がふく。

つゆには，Cのように，日本列島に停滞前

線（梅雨前線）がはりだすことが多い。

p.70-71 Step ❸

❶ ① **飽和水蒸気量**
② **55%**
③ **10.3 g**
④ **15℃**
⑤ **6.0 g**

❷ ① **まわりより気圧が低いところ。**
② X **寒冷前線**　Y **温暖前線**
③ **Y**
④ **B**
⑤ ㋑
⑥ ㋐

❸ ① A ㋒　B ㋓　C ㋑
② A ㋐　B ㋒　C ㋑
③ **西高東低**
④ **停滞前線（梅雨前線）**

❹ ① ⓐ→ⓓ→ⓑ→ⓒ
② **西から東**
③ ㋑
④ ㋐
⑤ ㋐，㋔

考え方

❶ ② 湿度〔%〕

$$=\frac{\text{空気1 m}^3\text{中に含まれる水蒸気の量〔g〕}}{\text{その気温での空気1 m}^3\text{中の飽和水蒸気量〔g〕}}\times 100$$

より，$\frac{12.8}{23.1}\times 100=55.4\cdots\%$

③ 気温が25℃の空気の飽和水蒸気量は23.1 g/m³であり，現在の空気中には12.8 g/m³の水蒸気が含まれている。よって，1 m³の空気はさらに，23.1－12.8＝10.3 gの水蒸気を含むことができる。

④ 飽和水蒸気量が12.8 g/m³になるときの温度がその空気の露点である。また，露点以下では湿度は100%となる。

⑤ 空気の温度が15℃より低くなると，空気中に含みきれなくなった水蒸気が水滴となって現れる。空気の温度が5℃のときの飽和水蒸気量は6.8 g/m³なので，水滴になるのは，12.8－6.8＝6.0 gである。

❷ ② 低気圧の中心の東側が温暖前線，西側が寒冷前線である。

③ 寒冷前線では，前線面に強い上昇気流が生じ，積乱雲ができる。一方，温暖前線では，前線面にゆるやかな上昇気流が生じ，層状の雲ができる。

④ 温暖前線の通過後から寒冷前線の通過前までは，暖気におおわれている。

⑤ B地点は暖気におおわれ，南西の風がふきこんでいる。

❸ ① A：小笠原気団が勢力をもち，南高北低の気圧配置→夏。

B：シベリア気団が大陸で勢力をもち，太平洋上に低気圧がある西高東低の気圧配置→冬。

C：オホーツク海気団と小笠原気団の間に停滞前線→つゆ（梅雨）。

③ 大陸側のシベリア気団の高気圧と太平洋上の低気圧の間で，等圧線が南北（縦）に見られる。→西に高気圧，東に低気圧がある西高東低の気圧配置。

④ オホーツク海気団と小笠原気団の勢力がつり合い，日本の南岸に前線が停滞する。

❹ ①② 日本付近の上空には，偏西風という強い西からの風がふいている。この偏西風の影響により，日本付近では天気が西から東へ移り変わる。

③ 5月4日ⓓの低気圧の中心は，九州の北部にあり，その1日後の5日ⓑの低気圧の中心は，東北地方の太平洋上にある。およそ，1日で1000 km程度移動している。

④ 天気は西から東へ移り変わるので，大阪よりも南西の上海付近の天気を参考にする。

⑤ 5月ごろに日本付近を西から東に通過する高気圧は，移動性高気圧である。

テスト前 ☑ やることチェック表

① まずはテストの目標をたてよう。頑張ったら達成できそうなちょっと上のレベルを目指そう。
② 次にやることを書こう（「ズバリ英語〇ページ，数学〇ページ」など）。
③ やり終えたら▢に✔を入れよう。
最初に完ぺきな計画をたてる必要はなく，まずは数日分の計画をつくって，
その後追加・修正していっても良いね。

目標

	日付	やること 1	やること 2
2週間前	／	▢	▢
	／	▢	▢
	／	▢	▢
	／	▢	▢
	／	▢	▢
	／	▢	▢
	／	▢	▢
1週間前	／	▢	▢
	／	▢	▢
	／	▢	▢
	／	▢	▢
	／	▢	▢
	／	▢	▢
	／	▢	▢
テスト期間	／	▢	▢
	／	▢	▢
	／	▢	▢
	／	▢	▢
	／	▢	▢

QRコードのページに登録すると，「ぴたリンク」からも表をダウンロードできるよ

テスト前 ☑ やることチェック表

① まずはテストの目標をたてよう。頑張ったら達成できそうなちょっと上のレベルを目指そう。
② 次にやることを書こう（「ズバリ英語〇ページ，数学〇ページ」など）。
③ やり終えたら□に✔を入れよう。
最初に完ぺきな計画をたてる必要はなく，まずは数日分の計画をつくって，
その後追加・修正していっても良いね。

目標

	日付	やること 1	やること 2
2週間前	／	□	□
	／	□	□
	／	□	□
	／	□	□
	／	□	□
	／	□	□
	／	□	□
1週間前	／	□	□
	／	□	□
	／	□	□
	／	□	□
	／	□	□
	／	□	□
	／	□	□
テスト期間	／	□	□
	／	□	□
	／	□	□
	／	□	□
	／	□	□

QRコードのページに登録すると，「ぴたリンク」からも表をダウンロードできるよ

キリトリ線

ズバリよくでる 直前

チェックBOOK

- テストにズバリよくでる!
- 図解でチェック!

理科

大日本図書版

2年

単元1 化学変化と原子・分子(1)

教 p.6〜79

化学変化 教 p.10〜22

- はじめにあった物質が別の物質に変わる変化を**化学変化**(**化学反応**)という。
- 1種類の物質が2種類以上の物質に分かれる化学変化を**分解**という。
- 加熱による物質の分解を**熱分解**という。
- 電気のエネルギーによって物質を分解することを**電気分解**(電解)という。

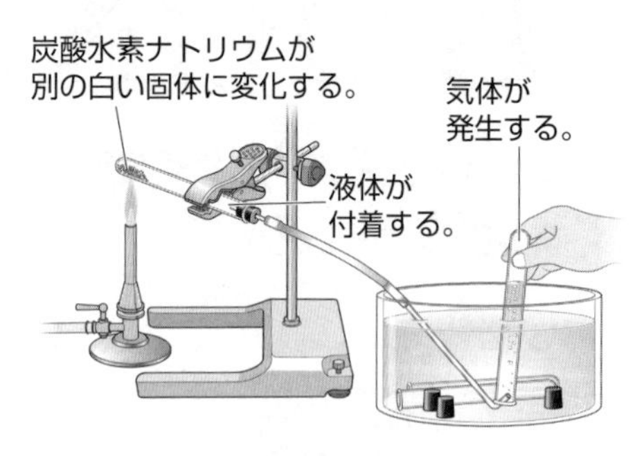

炭酸水素ナトリウムの熱分解

炭酸水素ナトリウム

→ 炭酸ナトリウム ＋ 二酸化炭素 ＋水

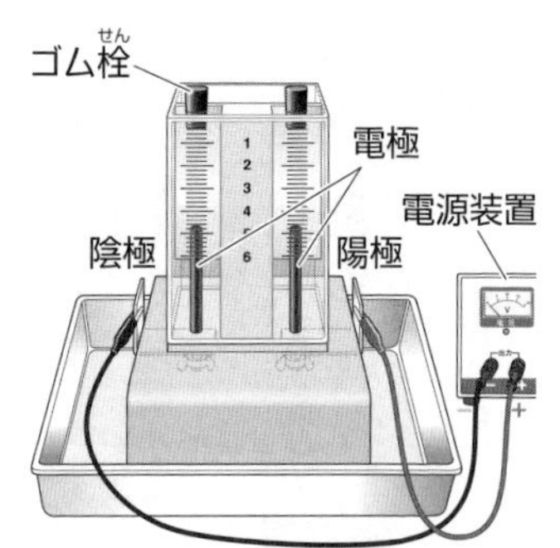

電気による水の分解(電気分解)

水→ 水素 ＋ 酸素

(陰極側)(陽極側)

原子 教 p.23〜25

- 物質をつくっている最小の粒子を**原子**という。
- 原子の種類のことを**元素**，それを表すための記号を**元素記号**という。

〔原子の性質〕

①化学変化のとき，原子はそれ以上分けられない。

②化学変化のとき，原子はなくなったり，新しくできたり，他の元素の原子に変わったりしない。

③原子の質量は，種類によって決まっている。

教 p.6～79

分子 教 p.28

- 物質の性質を示す最小の粒子(りゅうし)を**分子**という。

水素原子　水素原子

水素の分子(化学式 H_2)

酸素原子　酸素原子

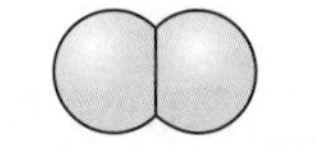

酸素の分子(化学式 O_2)

酸素原子

水素原子　水素原子

水の分子(化学式 H_2O)

化学式 教 p.30～31

- 元素記号を使い，物質の種類を表したものを**化学式**という。

単体と化合物 教 p.32～33

- 1種類の元素からできている物質を**単体**という。
- 2種類以上の元素からできている物質を**化合物**という。

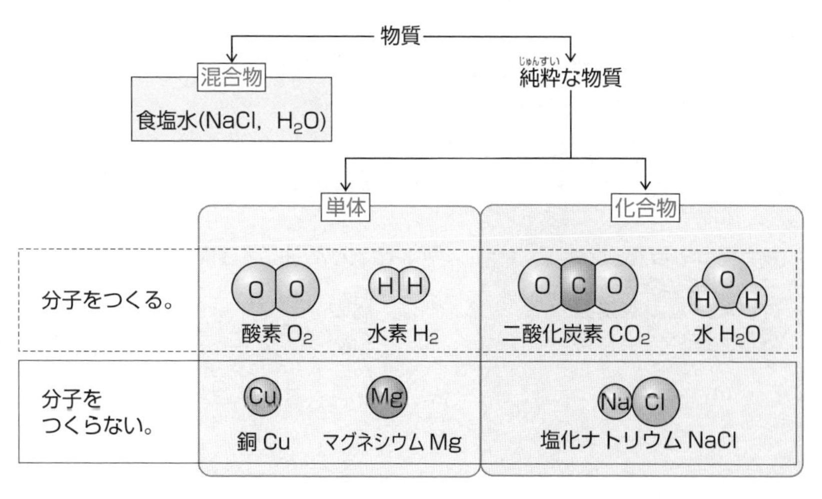

教 p.6〜79

化学反応式 教 p.34〜37

- 化学変化のようすを化学式を用いて表した式を**化学反応式**という。

〔例〕水が分解して水素と酸素になる化学変化

①化学変化を，物質名を使って表す。

水 → 水素 ＋ 酸素

②物質を化学式で表す。

H_2O → H_2 ＋ O_2

③式の左側に水の分子を1個追加し，**酸素**原子の数を合わせる。

H_2O H_2O → H_2 ＋ O_2

④式の右側では水素原子が**2**個少なくなるため，右側に水素の分子を1個追加する。

H_2O H_2O → H_2 H_2 ＋ O_2

⑤同じ種類の分子をまとめる。

$2H_2O$ → **$2H_2$** ＋ O_2

酸素と結びつく化学変化(酸化) 教 p.38〜45

- 物質が酸素と結びつく反応を**酸化**という。
- 酸化によってできる物質を**酸化物**という。
- 熱や光を出しながら激(はげ)しく酸化することを**燃焼**という。

〔例〕マグネシウムの燃焼
マグネシウムを加熱すると，
マグネシウムは燃焼し，
酸化マグネシウムができる。

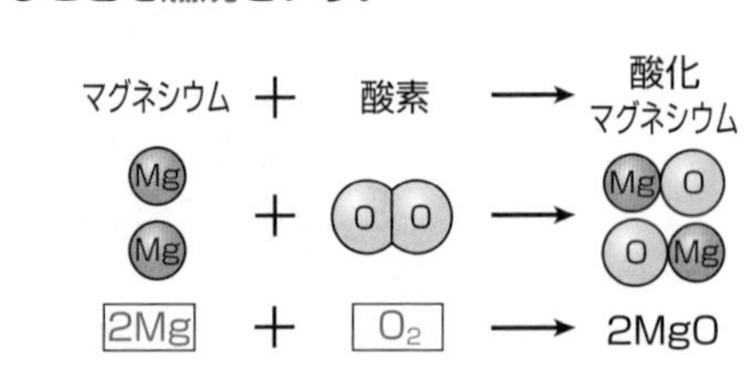

教 p.6〜79

酸素を失う化学変化(還元) 教 p.46〜49

- 酸化物が酸素を失う化学変化を**還元**という。

〔例〕酸化銅と炭の粉末の混合物の加熱

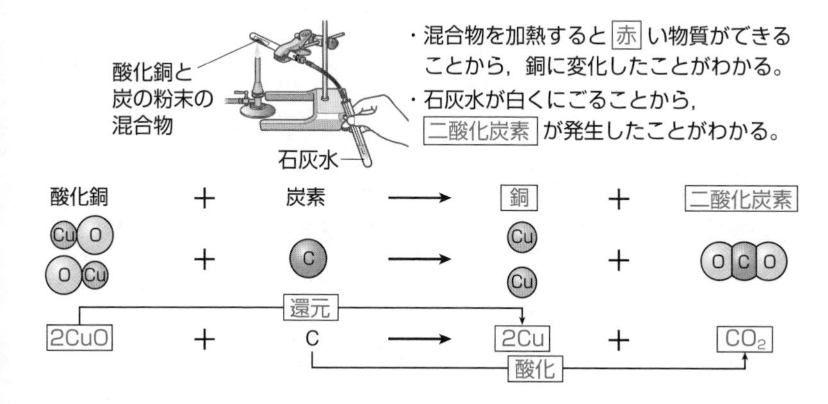

硫黄と結びつく化学変化 教 p.50〜53

- 鉄や銅は，硫黄（いおう）と結びついて，別の物質になる。

〔例〕鉄と硫黄の混合物の加熱

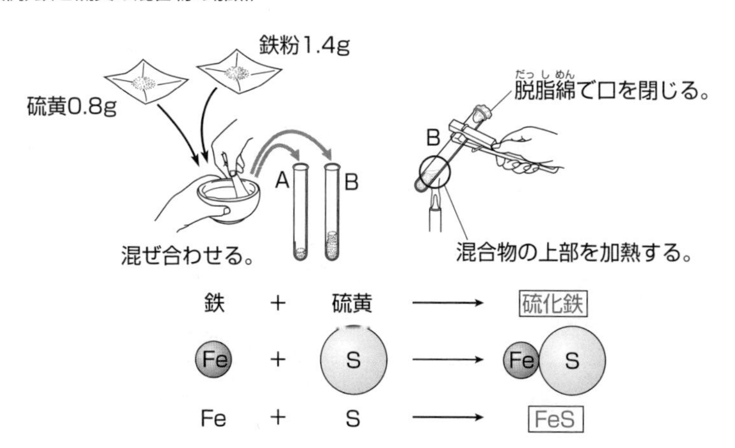

単元1　化学変化と原子・分子(5)

教 p.6〜79

質量保存の法則　教 p.60〜64

- 化学変化の前後で，全体の質量は変化しない。これを**質量保存の法則**という。

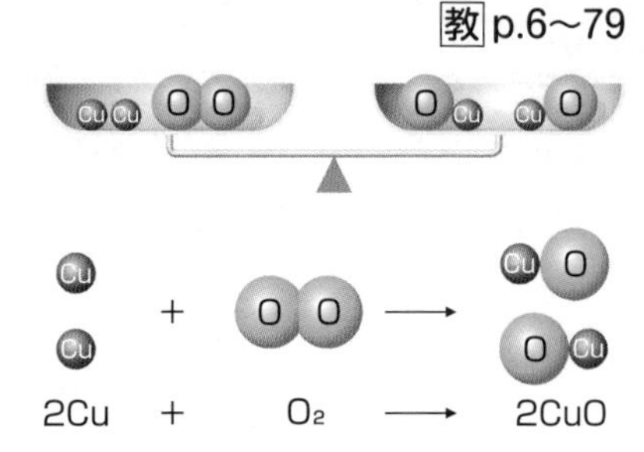

反応する物質の質量の割合　教 p.65〜69

- 金属を加熱すると，加熱後の物質の質量は増加するが，やがて加熱を繰り返しても変化しなくなることから，一定量の金属と反応する酸素の質量には**限界**があることがわかる。
- 2つの物質が反応するときには，その質量の比は，物質の組み合わせによって**一定**になる。
- 化学変化をするとき，相手の物質が少なければ，化学変化はそれ以上進まず，**多い**ほうの物質はそのまま残る。

〔例〕銅と酸素，マグネシウムと酸素
　酸化銅　反応する銅と酸素の質量の比は約４：１
　酸化マグネシウム　反応するマグネシウムと酸素の質量の比は約３：２

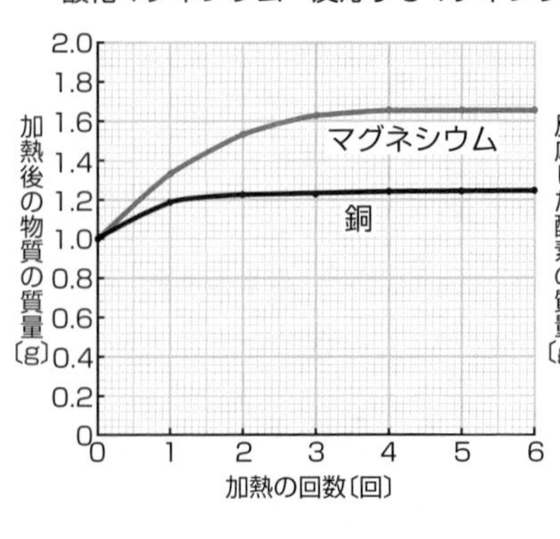

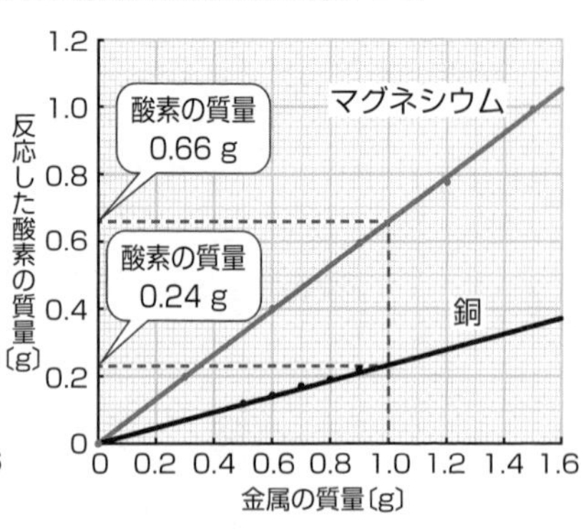

教 p.80〜155

顕微鏡のしくみ　教 p.86〜87

- 顕微鏡（けんびきょう）は，肉眼で見えない観察物を拡大し，観察するのに用いる。

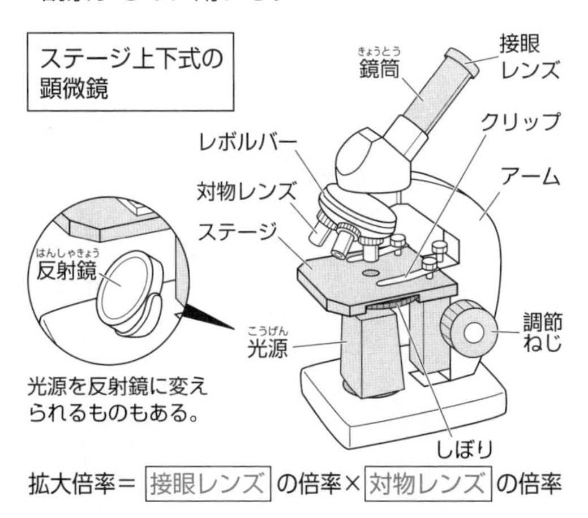

拡大倍率＝ 接眼レンズ の倍率× 対物レンズ の倍率

プレパラートの
つくり方

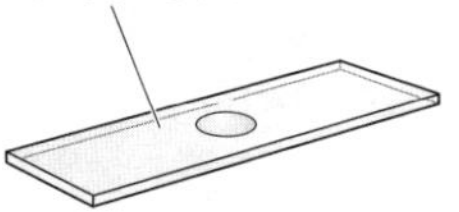

①観察物を置き，水(染色液)を1滴落とす。

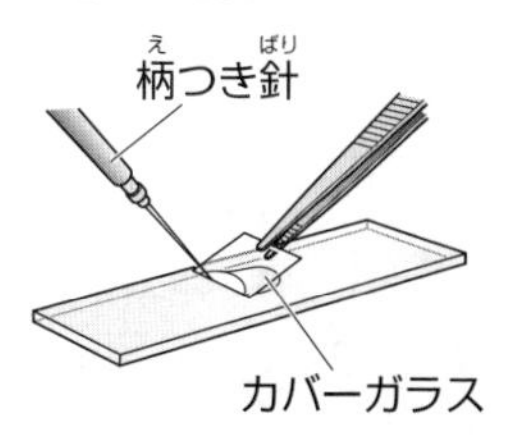

②カバーガラスをかぶせる。

細胞のつくり

教 p.88〜89

- 生物の基本的な単位で，生物を形づくる小さな構造を**細胞**という。

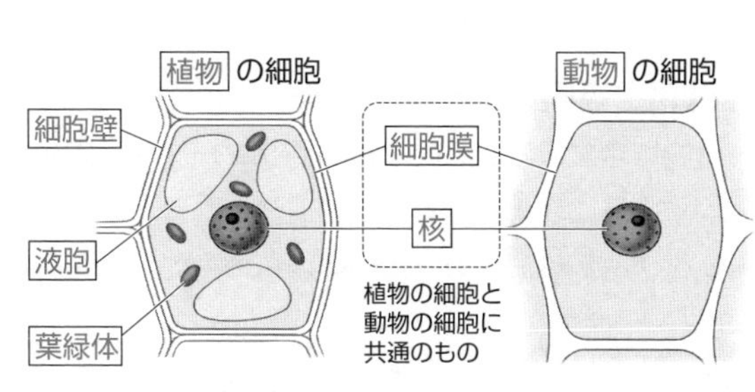

光合成　教 p.94〜100

- 植物が光のエネルギーを使って，二酸化炭素と水からデンプンなどをつくり出し，酸素を出すはたらきを**光合成**という。
- 光合成は**葉緑体**で行われる。

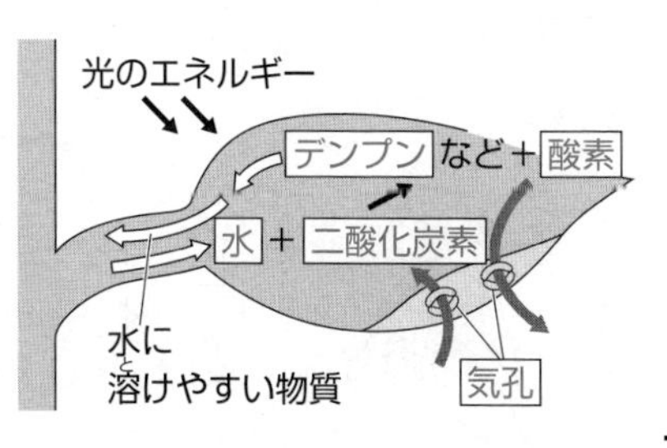

単元2 生物の体のつくりとはたらき(2)

教 p.80〜155

植物の水の通り道 教 p.105〜113

- 道管と師管の集まりを**維管束**という。双子葉類(そうしようるい)では輪のように並び，単子葉類ではばらばらに分布している。

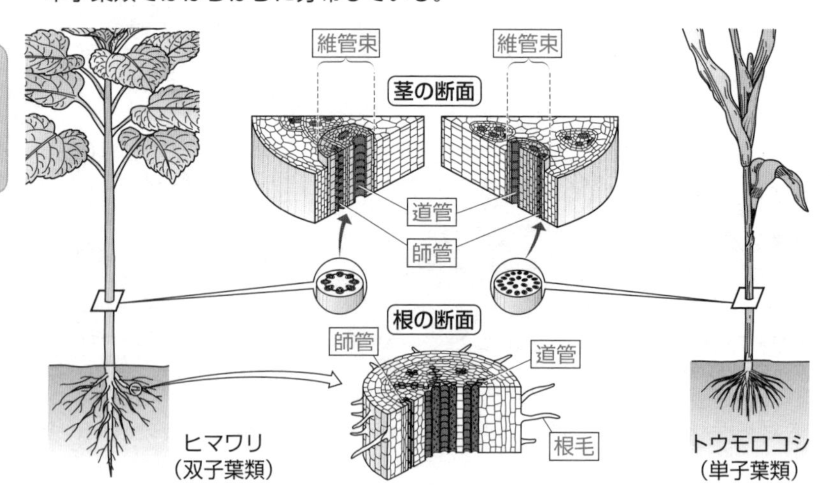

消化と吸収 教 p.115〜123

- 食物に含(ふく)まれている炭水化物やタンパク質，脂肪(しぼう)などの養分を吸収されやすい形に変化させる過程を**消化**という。
- 消化された養分が消化管の中から体内にとり入れられることを**吸収**という。

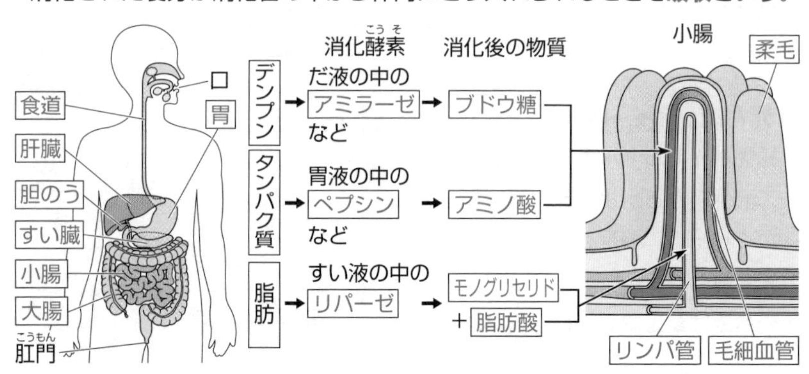

単元2　生物の体のつくりとはたらき(3)

教 p.80〜155

呼吸　教 p.124〜125

- 肺は，**酸素**をとりこみ，**二酸化炭素**を排出(はいしゅつ)している。
- 肺の中は，細く枝分かれした**気管支**が広がり，その先端(せんたん)は**肺胞**といううすい膜(まく)の袋(ふくろ)になっている。

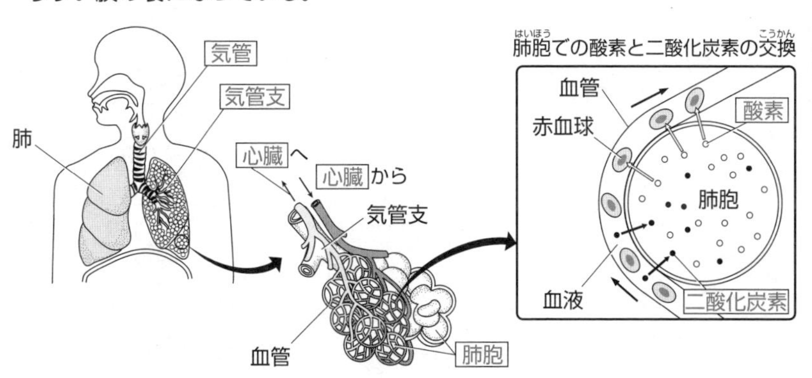

血管と血液　教 p.126〜129

- 動脈と静脈は，体全体に張り巡(めぐ)らされた**毛細血管**でつながっている。
- 毛細血管から血液の中の液体(血しょう)の一部がしみ出して細胞(さいぼう)をひたしている液を**組織液**という。

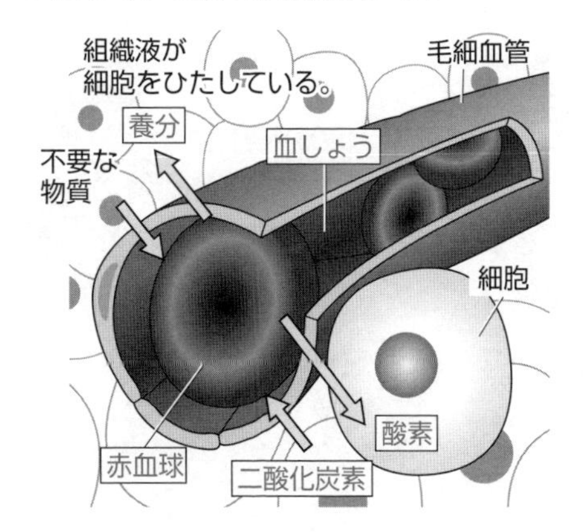

成分		はたらき
固形成分	赤血球	ヘモグロビンにより酸素を運ぶ。
	白血球	細菌(さいきん)などをとらえる。
	血小板	出血したときに血液を固める。
液体	血しょう	養分や不要な物質をとかしている。

単元2 生物の体のつくりとはたらき(4)

教 p.80〜155

心臓と血液の循環 教 p.130〜131

- 血液が循環(じゅんかん)する経路には，心臓から肺動脈，肺，肺静脈を通って心臓に戻(もど)る**肺循環**，心臓(しんぞう)から肺以外の全身を回って心臓に戻る**体循環**がある。

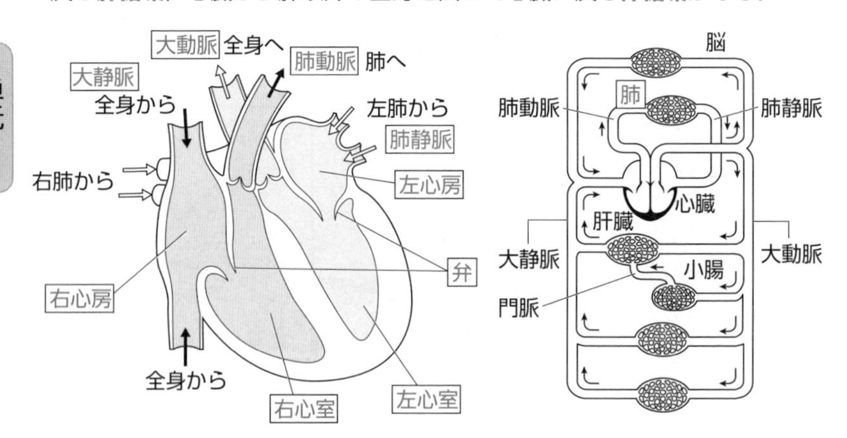

刺激と反応 教 p.141〜144

- 意識して起こす反応は**脳**が関係している。
- 刺激(しげき)に対して意識と関係なく起こる反応を**反射**という。

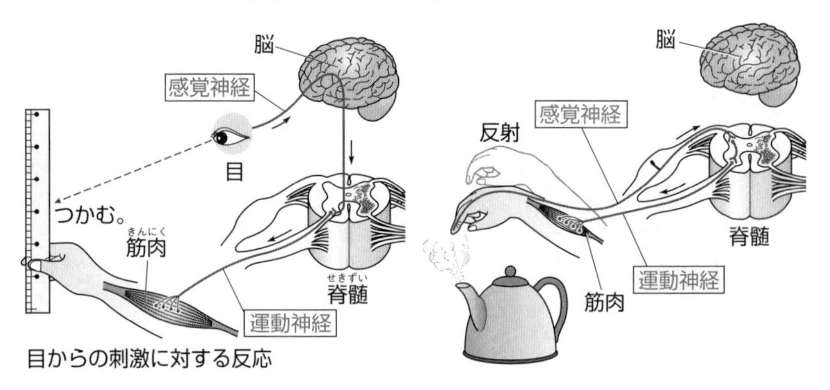

単元3 電流とその利用(1)

教 p.156～229

電気用図記号 教 p.165

電源	導線の接続	スイッチ	抵抗	電球	電流計	電圧計
─┤├─ (長いほうが＋極)	┼	─╱─	─▭─	⊗	Ⓐ	Ⓥ

直列回路・並列回路 教 p.167～177

- 直列回路では，**電流**の大きさはどこも等しい。それぞれの抵抗や電球に加わる**電圧**の大きさの和は，電源(回路全体)の電圧の大きさに等しい。
- 並列回路では，枝分かれしている部分の**電流**の大きさの和は，枝分かれしていない部分の電流の大きさと等しい。それぞれの抵抗や電球に加わる**電圧**の大きさは全て同じで，電源(回路全体)の電圧の大きさに等しい。

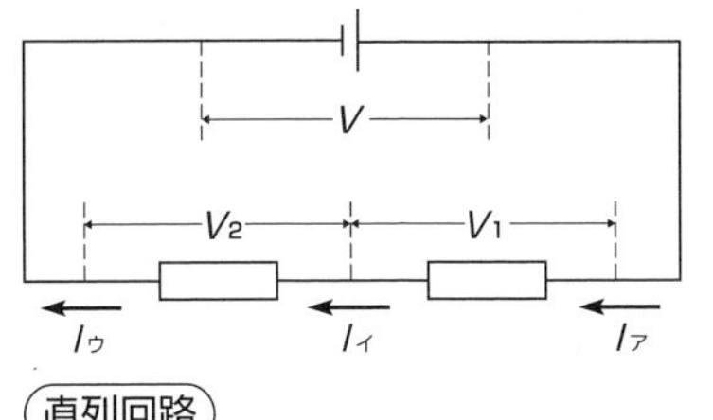

直列回路

$I_ア = I_イ = I_ウ$　　$V = V_1 + V_2$

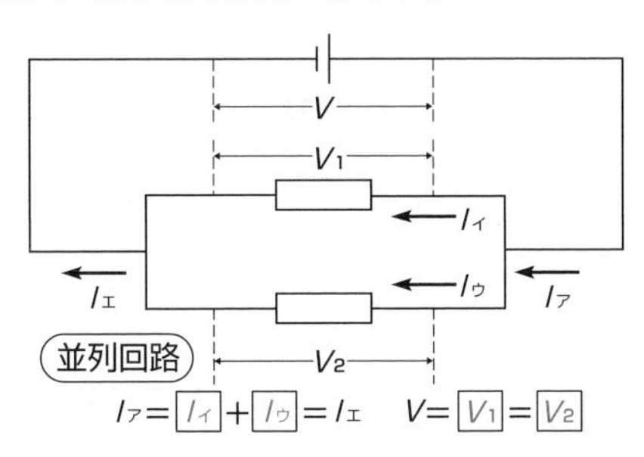

並列回路

$I_ア = I_イ + I_ウ = I_エ$　　$V = V_1 = V_2$

磁界のようす 教 p.192～194

- 磁力のはたらく空間を**磁界**という。
- 磁界の向きを順につないでできる線を**磁力線**といい，磁界の向きや磁力の大きさを表す。

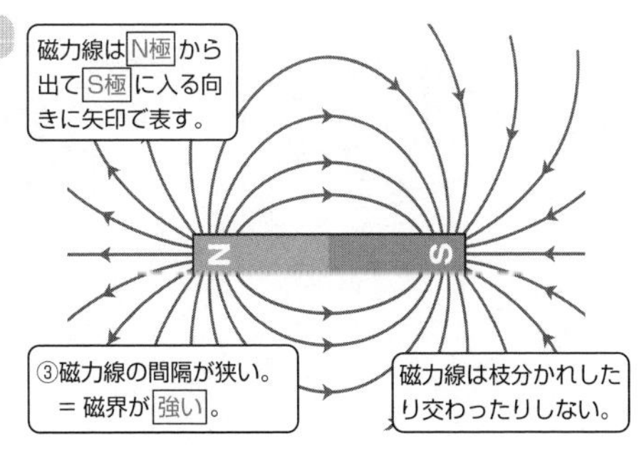

単元3　電流とその利用(2)

教 p.156～229

電流がつくる磁界　教 p.195～197

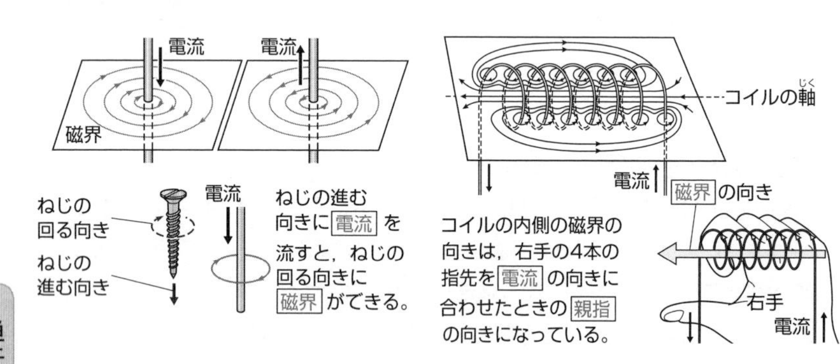

単元3

電流が磁界から受ける力　教 p.198～200

- 力の向きは，電流の向きと磁界の向きの両方に**垂直**である。
- 電流の向きや磁界の向きを逆にすると，力の向きは**逆**になる。
- 電流を大きくしたり，磁界を強くしたりすると，力は**大きく**なる。

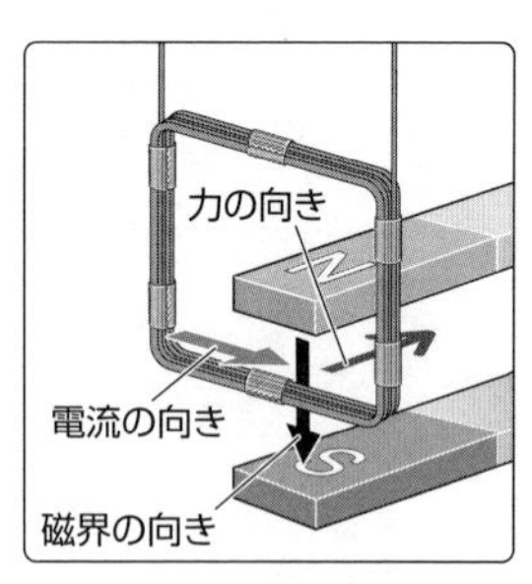

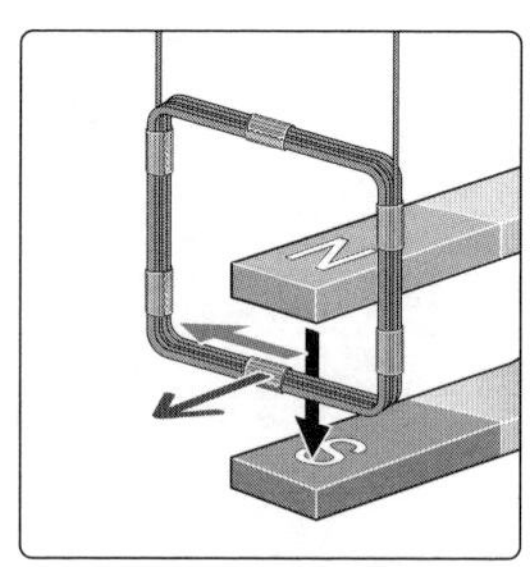

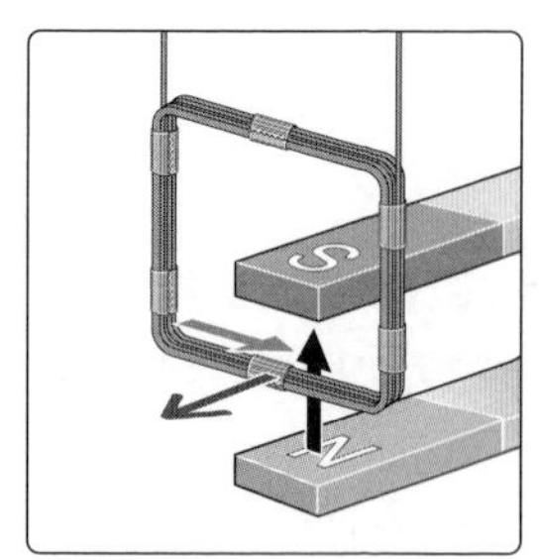

電流とその利用(3)

教 p.156~229

電磁誘導 教 p.202~205

- コイルの中の磁界の変化が大きいほど，磁界が強いほど，コイルの巻数が多いほど，誘導(ゆうどう)電流は**大き**い。
- 磁界の向きを逆にすると，磁石を動かす向きを逆にすると，誘導電流の向きは**逆**になる。

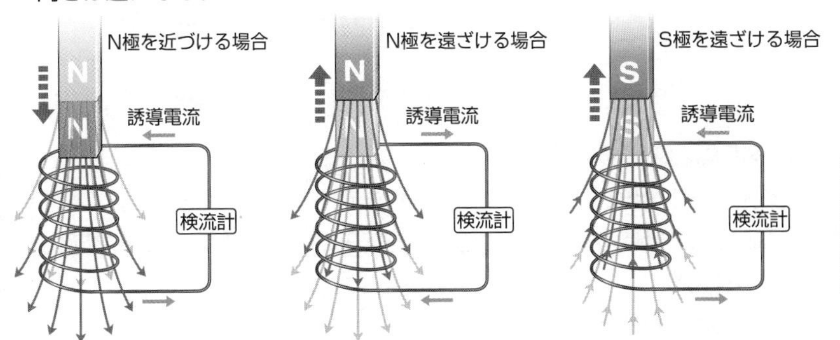

直流と交流 教 p.207~208

- 流れる向きが一定で変わらない電流を**直流**，流れる向きが周期的に変わる電流を**交流**という。

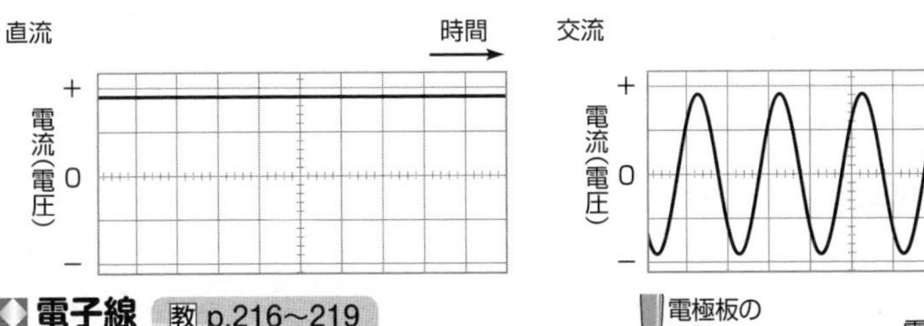

電子線 教 p.216~219

- 真空放電管内に見られる電子の流れを**電子線**(**陰極線**)という。

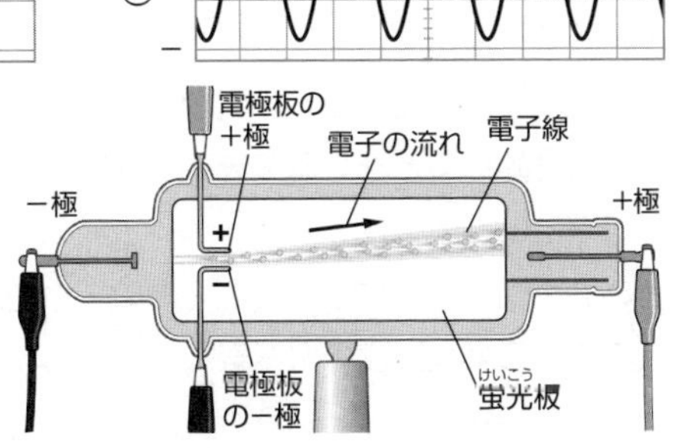

単元4　気象のしくみと天気の変化（１）

教 p.230〜295

天気図記号　教 p.239，252

- 天気図記号の○は観測地点を示し，○の中の記号で**天気**，矢羽根の向きで**風向**，矢羽根の数で**風力**を表す。

気圧配置と風　教 p.252〜255

- 高気圧からふき出した風は低気圧に向かってふきこむ。北半球では，高気圧の中心から時計回りに風がふき出し，低気圧の中心に向かって反時計回りに風がふきこむ。
- 低気圧の中心付近は上昇（じょうしょう）気流となり，雲ができやすく，**くもり**や**雨**になりやすい。
- 高気圧の中心付近は下降（かこう）気流となり，雲ができにくく，**晴れる**ことが多い。

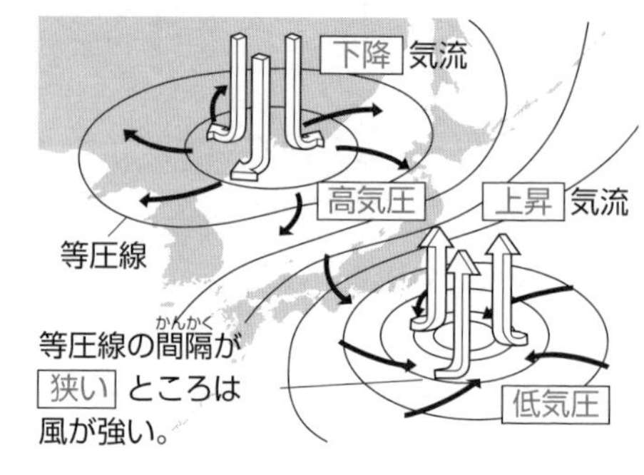

飽和水蒸気量　教 p.256〜259

- 水蒸気を含（ふく）んでいる空気が冷えて凝結（ぎょうけつ）が始まり，水滴ができ始めるときの温度を**露点**という。
- ある気温で空気が含むことのできる最大限度の水蒸気量を**飽和水蒸気量**という。

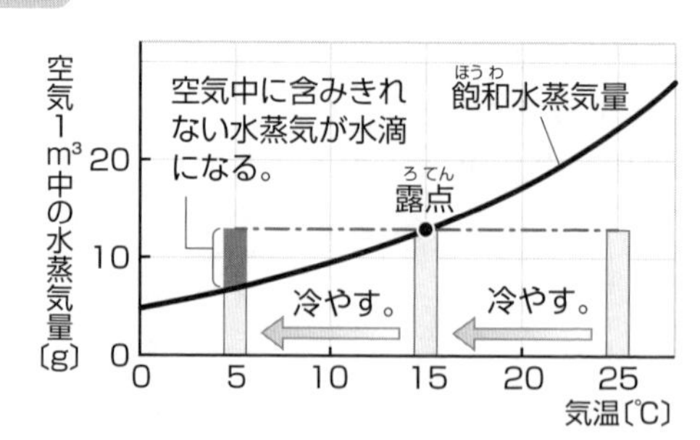

▶単元4　気象のしくみと天気の変化（2）

教 p.230～295

湿度　教 p.259～260

- 空気中に含まれている水蒸気の量を，そのときの気温の飽和水蒸気量に対して百分率で表したものを**湿度**という。

$$湿度〔\%〕=\frac{空気1\,m^3中に含まれている水蒸気の量〔g〕}{その気温での空気1\,m^3中の飽和水蒸気量〔g〕}\times 100$$

- 空気中の**水蒸気**の量が同じでも，気温が変化すれば湿度は変わる。

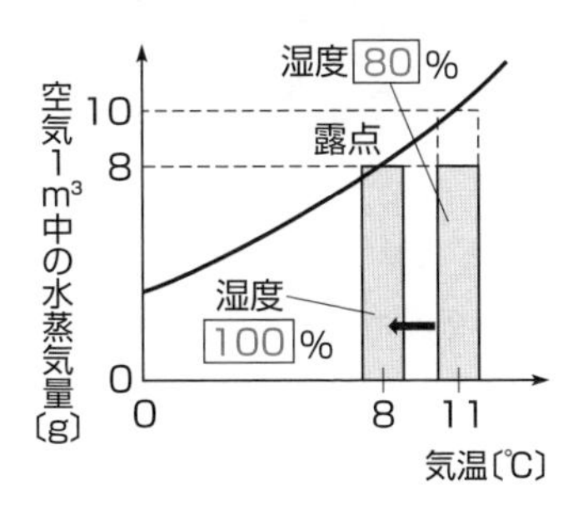

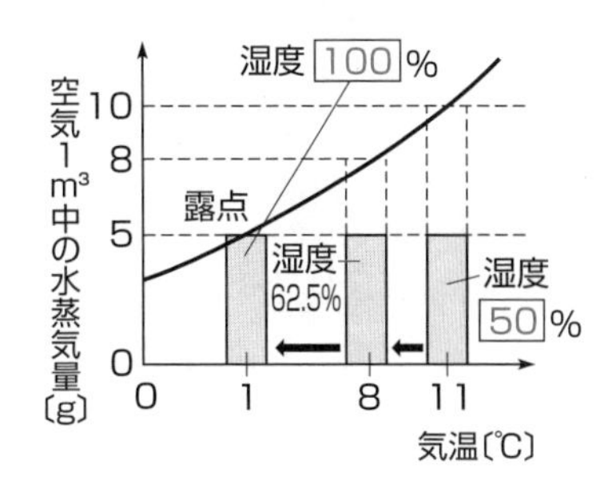

雲のでき方　教 p.261～266

- 空気のかたまりが上昇すると，周囲の気圧が低くなり，膨張して温度が下がるため，ある高さで露点に達する。空気中の水蒸気は水滴や氷の粒になり，**雲**ができる。

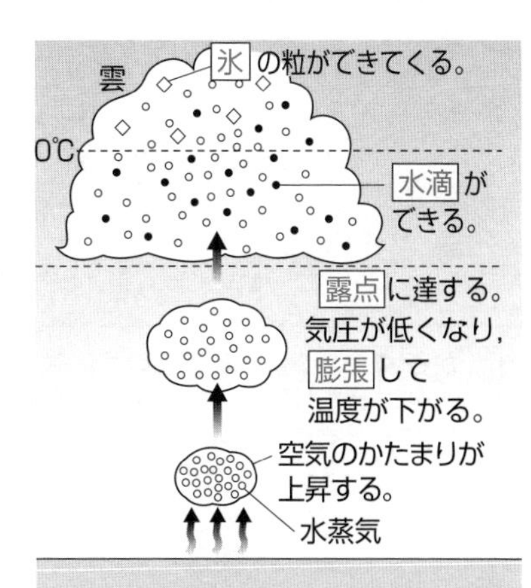

▶単元4　気象のしくみと天気の変化(3)

教 p.230〜295

気団と前線　教 p.267〜269

・空気が大陸や海洋などの上に長い間とどまってできた，気温・湿度(しつど)がほぼ一様な空気のかたまりを**気団**という。

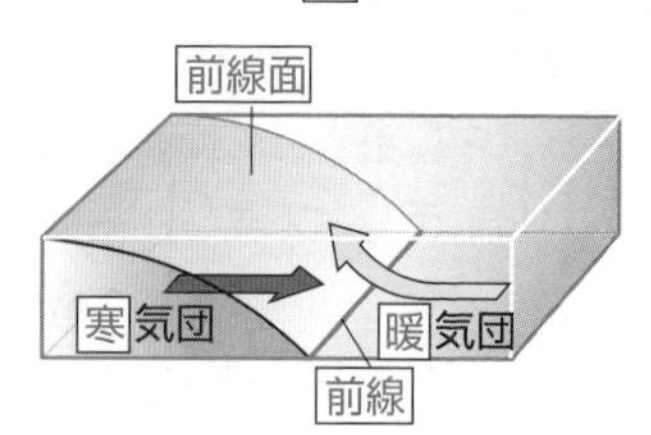

	寒冷 前線	温暖 前線
記号		
天気の特徴	短く強い雨，雷，突風	長い雨
雨の範囲	狭い。	広い。
前線の通過後	西または北寄りの風 気温は 下がる。	気温は 上がる。

日本の四季　教 p.276〜279

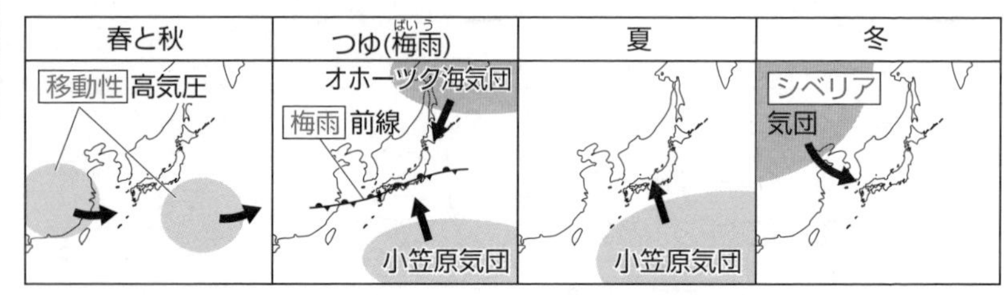

春と秋	つゆ(梅雨)	夏	冬
西から東へ，晴れたりくもったり周期的に変化する。	梅雨前線が停滞し，雨やくもりの日が多い。	太平洋(小笠原)高気圧に覆われ，高温で湿度が高い晴天の日が多い。	シベリア 高気圧が発達し，日本海側は降雪，太平洋側は乾いた晴天となる。

単元4